新型职业农民书架·动植物小诊所

U0214531

食用菌病虫害
速诊快治

张绍升　　刘国坤
肖　顺　　罗　佳　编著

海峡出版发行集团
THE STRAITS PUBLISHING & DISTRIBUTING GROUP

福建科学技术出版社
FUJIAN SCIENCE & TECHNOLOGY PUBLISHING HOUSE

图书在版编目（CIP）数据

食用菌病虫害速诊快治 / 张绍升等编著. —福州：
福建科学技术出版社，2020.5
（新型职业农民书架.动植物小诊所）
ISBN 978-7-5335-6098-0

Ⅰ.①食… Ⅱ.①张… Ⅲ.①食用菌–病虫害防治
Ⅳ.①S436.46

中国版本图书馆CIP数据核字（2020）第030619号

书　　名	**食用菌病虫害速诊快治**
	新型职业农民书架·动植物小诊所
编　　著	张绍升　刘国坤　肖顺　罗佳
出版发行	福建科学技术出版社
社　　址	福州市东水路76号（邮编350001）
网　　址	www.fjstp.com
经　　销	福建新华发行（集团）有限责任公司
印　　刷	福建省地质印刷厂
开　　本	700毫米×1000毫米　1/16
印　　张	13.5
图　　文	216码
版　　次	2020年5月第1版
印　　次	2020年5月第1次印刷
书　　号	ISBN 978-7-5335-6098-0
定　　价	48.00元

书中如有印装质量问题，可直接向本社调换

　　植物食品、动物食品和菌物食品是维系人类生活的三大类食物源。食用菌作为最重要的菌物食品，具有营养丰富、口味鲜美的特点，近些年逐渐成为人们餐桌上的新宠。我国是世界食用菌生产大国，拥有丰富的食用菌品种和先进的栽培技术，食用菌产量占世界总产量的 70% 以上，其总产值在国内种植业中的排名仅次于粮、棉、油、菜、果，居第六位。目前，我国食用菌产业正朝着品种多样化、产品优质化、规模集约化、技术现代化、管理企业化方向发展，食用菌产业将成为我国农业经济一个新的增长点。

　　病虫害是制约食用菌产业发展的重要因素。食用菌生产过程中会发生许多病害和虫害，这些病虫害大大降低了食用菌产品的产量和品质，有些病虫害甚至对食用菌生产造成毁灭性损失。由于食用菌病虫害呈现多样性和复杂性，生产上对病虫害缺乏准确诊断和有效防治方法，往往难以控制病虫害的发生。

　　为了给食用菌的生产者、技术人员、教学人员提供具有指导性和实用性的食用菌病虫害诊断与防治参考书，作者将长期从事食用菌病虫害诊断及防治工作中积累的点滴经验和收集的第一手资料整理成册。本书从基础理论和实践应用两方面详细介绍食用菌病虫害诊断与防治的原理和技术，提出食用菌病虫害速诊快治的基本原则、理念与方法。以病虫害类型为线索、病虫害实例为代表，用彩色照片展示病害症状、病原物，害虫形态特征与为害状，简明而系统地介绍了食用菌各类病害、虫害的诊断和防治技术。

作者衷心希望本书对我国食用菌病虫害防治工作有所帮助。因我们的经验和水平所限，书中难免有纰漏之处，恳请读者批评指正。

张绍升教授

2019 年 11 月 于福建农林大学

一、食用菌病虫害诊治技巧

（一）食用菌病虫害类型

1. 食用菌病害主要类别

（1）根据病因分类

按病因不同，食用菌病害可分为侵染性病害和生理性病害。

①侵染性病害：又称传染性病害，这类病害是由称为病原物的生物因子引起的。病原物的类别有真菌、细菌、病毒和线虫等。病原物的个体都非常小，需要用显微镜才能看见。病原物引起的病害具有传染性，真菌的孢子、菌丝和菌丝组织、细菌的细胞、病毒粒体、线虫虫体或卵都是病害的传播体，通过空气、喷水、培养料、昆虫、工具及操作进行传播，导致病害扩散和大面积发生。

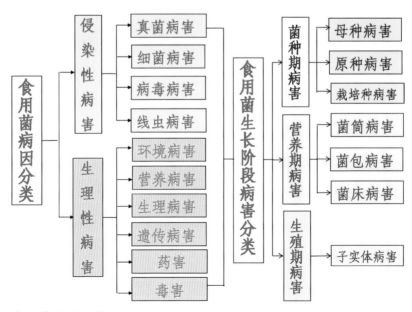

食用菌病害分类

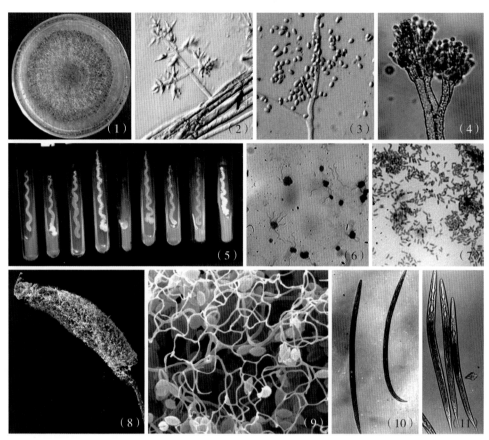

病原物类型

（1）木霉菌落；（2）木霉菌丝和分生孢子梗；（3）木霉分生孢子；（4）青霉分生孢子梗及分生孢子；（5）各种细菌菌落；（6）细菌及鞭毛；（7）细菌菌体；（8）发网菌孢囊；（9）孢囊网体及孢子；（10）蘑菇滑刃线虫；（11）小杆线虫

②生理性病害：是由非生物因子引起，这类病害不会传染，又称为非侵染性病害。病因有物理因子、化学因子和生理因子等，如光（光线类型、光强度）、温（低温、高温、变温）、水（培养基含水量、水分管理、空气相对湿度）、气（通气条件）、营养（营养失调或缺乏）、毒素（肥害、药害、中毒）、生理（老化、退化、遗传缺陷和变异）。

（2）根据病害发生时期分类

按所处的食用菌生长阶段，食用菌病害又可分为菌种期病害、营养期病害和生殖期病害。

①菌种期病害：包括母种病害、原种病害和栽培种病害。病害类型有菌种种性退化、老化、徒长和杂菌污染等。

②营养期病害：发生于栽培基质内的食用菌菌丝营养生长期。菌丝生长期如果受到病原菌的侵染或生长环境不适，菌丝生长受阻，可能导致出菇少或不出菇。食用菌菌筒、菌包或菌床都会发生。

③生殖期病害：病害发生于原基分化和子实体生长期，这时候子实体受到病原菌侵染或不良的生长环境影响就会发生病害。

食用菌不同生育期病害
（1）母种受污染；（2）原种老化；（3）栽培种受污染；（4）白灵菇菌筒受污染；（5）竹荪菌床黏菌病；（6）灵芝子实体木霉病；（7）银耳子实体木霉病

2. 食用菌虫害主要类型

通常把动物类对食用菌造成的危害都称为虫害。实际上这类危害的施害动物除了昆虫中的双翅目（菌蚊、菌蝇、菇蚊）、鞘翅目（蕈甲和拟谷盗）、鳞翅目（麦蛾、谷蛾、卷叶蛾）、弹尾目（跳虫类）外，还有蛛形纲的螨类（食菌穗螨、腐食酪螨），软体动物的蛞蝓类和蜗牛，以及鼠类等。

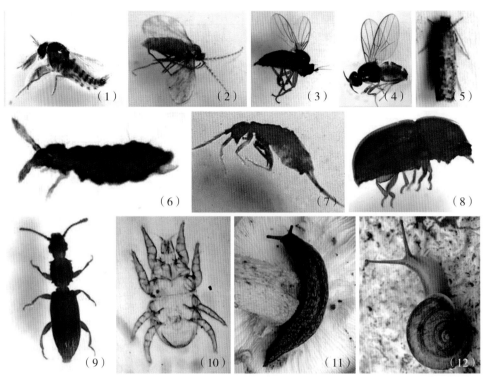

食用菌害虫类型
（1）（2）菌蚊；（3）菇斑蝇；（4）菇黄潜蝇；（5）细卷蛾；（6）紫跳虫；（7）长角跳虫；
（8）木蕈甲；（9）锯谷盗；（10）速生薄口螨；（11）蛞蝓；（12）蜗牛

（二）食用菌病虫害诊断

　　食用菌病害诊断要经过现场病害症状观察，发病环境条件调查及病因分析，病害样本采集和病原物种类鉴定，最后提出诊断结论。有些症状显著的病害，只要通过症状观察就能准确诊断；对于疑难病害或新病害，必须对病原物进行分离培养和鉴定。虫害诊断要现场观察食用菌菌丝体或子实体受害状，采集害虫标本并进行鉴定。

　　生产上对食用菌病虫害的诊断主要采用症状学诊断，结合害源种类鉴定。食用菌发生某种病虫害以后在菌种、菌筒、菌床和子实体外部会显示受害表征，病害表征称症状，虫害表征称为害状。每一种病虫害都有其特定的表征类型，认识病虫害首先是从害源和表征的描述开始。食用菌病害名称通常以病原或症状命名，如蘑菇疣孢霉病、平菇毛霉病、灵芝曲霉病、蘑菇石膏霉病、香菇病毒病、蘑菇褐腐病、蘑菇菌褶滴水病等。食用菌虫害的命名通常以害虫的名称，例如菇蝇、菇蚊、菇紫跳虫。

1. 病害诊断

（1）侵染性病害诊断

侵染性病害诊断的主要依据包括传染特征、症状特征和病原特征。

①传染特征：从传染特征上说，侵染性病害有传染扩散的现象。在菌种瓶（袋）、菌筒或菌床上，病害发生由点到面逐渐传染扩散；子实体发病时病害部位也会扩散，菇房内子实体有发病中心，起初仅个别子实体，通过病原物的传播扩散引起大面积子实体病害。

②症状特征：从症状特征上说，食用菌病害症状包括病状和病征。

食用菌整个生活期至贮藏期都可能发生病害，发病后菌丝体外部或子实体外部会出现异常的形态学变化或形成异物组织，这种形态病变特征称为症状。常见症状大体上分为变色、坏死、腐烂、萎缩和畸形等五大类型。

变色：食用菌菌丝体或子实体发病后表现出局部或整体色泽异常，多数表现为黄化、红化和暗黑色。

坏死：食用菌菌丝体、菌丝组织或子实体局部或大面积细胞死亡。菌种、菌筒或菌床上菌丝体局部坏死表现为斑块，大面积坏死形成退菌；子实体局部坏死形成斑点，大面积坏死形成死蕾或死菇。

腐烂：真菌或细菌侵染都会引起菌种、菌筒、菌床和子实体发生腐烂。腐烂是由于病原菌分泌几丁质酶和果胶酶引起菌丝体细胞或子实体细胞组织消解和死亡，病组织向外释放水分和其他内含物。

萎缩：菌丝体萎缩表现为退化、枯萎和老化，不能形成菇蕾；子实体表现为菌柄萎缩，菌组织失水干枯。

畸形：菌丝体或子实体的形态发生变化导致形态异常，称为畸形。子实体发生畸形更明显，主要的类型有丛生菇、连体菇、无菌盖、花瓣菌盖、珊瑚状子实体等。

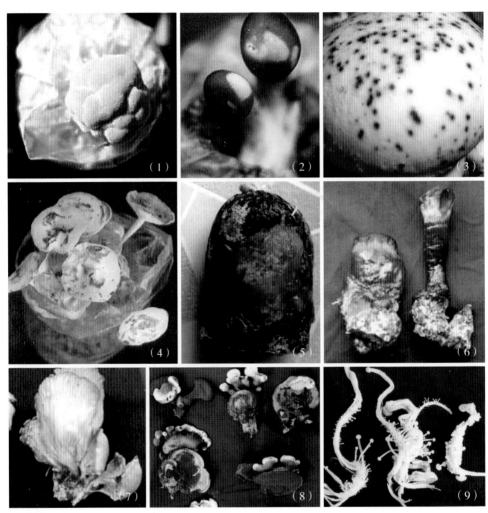

食用菌病害病状

（1）猴头菌子实体红化；（2）鲍鱼菇子实体黄化；（3）蘑菇细菌性褐斑病；（4）金针菇褐斑病；（5）白木耳湿腐；（6）灵芝细菌性软腐病；（7）平菇子实体萎缩；（8）灵芝子实体畸形；（8）金针菇柄生菇

　　食用菌发病后，病原物在发病的菌筒、菌床或子实体上形成具有一定特征并容易被肉眼观察到的特殊结构称为病征。真菌性病害的病征分为霉状物（青霉、绿霉、白霉、灰霉、黑霉）、粉状物（红粉状物、白粉状物）、颗粒状物等，有时还出现其他担子菌的子实体（鬼伞、裂褶菌）。细菌性病害的病征为菌脓。病毒病在外部不出现病征，在病菌丝体或子实体的细胞内可以看到病毒内含体或病

食用菌病害病征
（1）绿霉：毛木耳木霉病；（2）白霉：茶薪菇镰孢病；（3）黄霉：灵芝曲霉病；（4）黑霉：鲍鱼菇根霉病；（5）白粉状物：菌筒白色面色霉病；（6）红粉状物：菌筒红色面色霉病；（7）黑色粒状物：杏鲍菇拟盘多毛孢病；（8）白色粒状物：蘑菇床小菌核病；（9）杂菌子实体：灵芝鬼伞病

毒粒体。

  ③病原特征：食用菌侵染性病害是由病原生物侵染所致的病害，不同类型的病原物引起的病害症状有差别。因此，侵染性病害的诊断主要依据病害症状和病原鉴定。

真菌性病害诊断：食用菌真菌性病害在发病部位基本上会产生霉状物、粉状物、粒点状物等病征，根据病征可以作出初步判断。有些病征显著的病害以病原物名称命名，如食用菌鬼伞病、食用菌裂褶菌病、食用菌面包霉病、食用菌曲霉病、食用菌木霉病等。大多数食用菌真菌性病害的病原检测，只要从有病征的病部挑取病原菌，在显微镜下观察其形态特征就可以查明病原菌分类名称和准确诊断病害。

食用菌真菌病害诊断病例
（1）银耳木霉病症状；（2）哈茨木霉菌落；（3）哈茨木霉分生孢子梗和分生孢子；（4）灵芝曲霉病症状；（5）米曲霉菌落；（6）米曲霉的分生孢子梗和分生孢子

细菌性病害诊断：食用菌细菌性病害主要表现为斑点和腐烂，发病部呈水渍状或有菌脓外溢；切取病组织在显微镜下可以观察到细菌从病组织中逸出。通过症状和喷菌现象观察，基本上可以确定为细菌性病害。细菌种的鉴定要通过细菌分离培养、培养性状观察、生理生化反应、革兰染色反应、鞭毛染色和显微形态鉴定，必要时采用分子生物学方法和遗传学方法进行分类鉴定。

病毒病害诊断：食用菌病毒病的症状，表现为菌丝生长势弱、菌落不整齐，子实体畸形，菌盖、菌柄出现杂色条纹等。这些外部症状是认识病毒病的基础。病毒种类的检测和鉴定，要采用特殊的病毒分离和纯化技术、电子显微镜观察技术、生物学技术和分子生物学技术。

线虫病害诊断：食用菌线虫病害的症状，表现为培养料中的菌丝生长弱，退菌，菌丝消失，菌筒或菌袋软化；子实体受害呈变黑腐烂。受害菌筒或子实体易诱发木霉病或细菌病。发病的培养料或子实体病组织中可以分离和检测到大量线虫。常用的分离方法有漏斗分离法、浅盘分离法、过筛分离法，将分离出的线虫样本经光学显微镜和扫描电子显微镜观察其形态特征和确定线虫种类。

食用菌线虫检测和鉴定
（1）线虫分离；（2）分离的线虫；（3）光学显微镜；（4）扫描电子显微镜

（2）生理性病害诊断

生理性病害仅表现出病状，在发病的菌种、菌筒、菌袋、菌床和子实体上无病征，也分离不到病原物。目前主要依据症状诊断，对其病因主要采用经验推断分析。准确判断生理性病害的病因需通过仪器进行系统监测、检测和分析。菌丝生理性病害常见症状有徒长、退菌、烧菌、枯萎、衰老，子实体生理性病害常见症状有畸形、变色、萎蔫。

①环境病害诊断：食用菌的生长发育与其生长环境中的温度、光照、水分和湿度、通风透气等条件密切相关，这些环境条件失调就可能造成食用菌的生长障碍并导致病害发生。

温度：食用菌菌丝生长和子实体分化对温度有不同要求，菌丝生长阶段过高或过低的温度可能导致烧菌、菌丝停止生长和菌丝长势弱，子实体生阶段温度不适可能导致不出菇或出细弱菇。根据子实体分化对温度的反映，食用菌可以分为低温型、中温型和高温型三大类型。低温型有香菇、蘑菇、平菇、猴头菌等，子实体分化的最适温度在20℃以下，出菇季节通常在冬季、秋末或春初；中温型有银耳、木耳等，子实体分化的最适温度在20~24℃，出菇季节多在春季和秋季；高温型有草菇、凤尾菇、鲍鱼菇、灵芝等，子实体分化的最适温度在24℃以上，出菇季节在夏季和秋初。香菇原基形成后，气温急剧下降至子实体分化所需的最低温度时就可能出现"荔枝菇"（菌柄和菌盖成团）；猴头菌遇14℃以下低温会形成红色子实体。生产上如果栽培季节与食用菌温型搭配不当，或工厂化栽培中温度控制不合理，就可能不出菇。

光照：光照强度、光质、光照量是作用于食用菌生理的重要因素。食用菌菌丝生长阶段通常不需要光照，暗培养条件下菌丝生长更为旺盛，光照可能抑制菌丝生长。光照对食用菌原基分化和子实体形态发生密切关系。适度的散射光能诱导原基分化和形成正常的子实体，光照过强或过弱会产生杂色菇或畸形菇。例如弱光下生长的平菇会形成长脚菇、缩盖菇，灵芝色泽暗淡无光泽，香菇子实体呈灰白色或淡黄色。有些菇类的子实体有趋光性，例如灵芝菌盖的生长点总是朝光源方向生长，采用偏光源或人为改变光源入射方向就会形成畸形子实体。出菇棚阳光直射到菇体上，会形成红色菇或日灼菇。

水分和湿度：水分是食用菌细胞的重要成分，同时又是菌体细胞内新陈代谢过程中许多生化反应不可缺少的溶剂。因此当水分不足时，新陈代谢衰弱，营养吸收障碍，菌丝细胞生长缓慢，子实体不能形成或干缩：培养基水分过多造成水害，菌丝萎缩。菇房内空气相对湿度达到饱和状态时平菇、杏鲍菇等菌盖上会形成小菇蕾。秀珍菇空气相对湿度低于 70% 时，原基产生少，菇朵易干萎；空气相对湿度高于 95% 时，子实体易变软腐烂。白玉菇在干干湿湿的状态下在菇盖上容易形成小菇瘤，俗称"盐巴菇"。蘑菇覆土后空气相对湿度过大，温度较高时会出现菌丝徒长（俗称"冒菌丝"），菌丝在覆土层形成浓密的"菌被"使菇蕾窒息死亡。

通风透气：食用菌的呼吸作用是吸收氧气，排出二氧化碳。菇房通风透气条件差，二氧化碳浓度过高不利菌丝生长的子实体形成。特别在子实体形成期呼吸作用旺盛，对氧气的需要量急剧增加，这时如果二氧化碳浓度达到 0.1%，灵芝不形成菌盖，菌柄分化为鹿角状；猴头菌形成珊瑚状分枝，蘑菇和香菇开伞早、菌柄长，秀珍菇形成小盖长脚菇。二氧化碳浓度达到 10% 时，能抑制多种食用菌的菌组织分化和子实体形成。

②营养病害诊断：代料栽培食用菌时，栽培料的类型及配方对食用菌菌丝生长和子实体的品质及产量有极大影响。利用作物秸秆、玉米芯、甘蔗渣等"草料"栽培香菇，其产量、品质和风味与木屑栽培的香菇有一定差别，而这些"草料"则适合种植金针菇和杏鲍菇。栽培料配方中对食用菌影响较大的因子是碳氮比（C/N）和 pH 值。培养料中含氮量过低菌丝生长量少，子实体产量低；含氮量过高延长了菌丝的营养生长，推迟子实体形成，甚至不形成子实体。木腐生菌类如香菇、金针菇、杏鲍菇，适宜偏酸性环境中生长；粪草腐生菌如蘑菇、草菇，适宜偏碱性环境中生长。pH 值不适合菌丝不能定殖和蔓延。

③化学病害诊断：主要类型有药害、肥害和毒害。蘑菇播种后菌丝萌发期培养料中添加过多氮肥时会导致萌发的菌丝"氨中毒"而萎缩。平菇及多数食用菌在原基形成后防治害虫时过多过量施用敌敌畏，引起菌盖边缘皱缩和上翘反卷形成鸡冠状菇体。

④重茬病害诊断：食用菌重茬病也称"食用菌连作障碍"。主要表现为在同一食用菌设施或土壤中，连年种植同类食用菌，导致食用菌生长发育不良、产量下降、品质变差等现象。地栽食用菌的重茬病更为严重，如种植过竹荪的田块及

几种生理性病害

（1）白玉菇湿度失调菌盖产生小瘤；（2）平菇弱光照会形成小盖长脚菇；（3）杏鲍菇二氧化碳浓度过高形成猪蹄菇；（4）灵芝二氧化碳浓度过高菌柄分化为鹿角状；（5）香菇双层菌袋栽培缺水闷筒不出菇；（6）白灵菇多菌灵药害

其周围的田块，第二年再种植竹荪时产量大大下降。灵芝第一年种植最好，第二年产量和品质都下降，连续第三年再种植时病态症状显著，表现为出菇缓慢，菇体变小、畸形，病虫害严重，产量明显下降。杏鲍菇在连续栽培2~3年后出现产量与品质的大幅下降，菇柄呈条纹状并且发黄，菇盖发育不完全，原基发育迟缓、数量过多呈丛状生长，子实体发育畸形，如子实体短小、菇盖水渍状。

2. 虫害诊断

危害食用菌的害虫有昆虫、螨类和软体动物（蜗牛和蛞蝓）。虫害的诊断主要依据以下两点：一是观察为害状，受害食用菌菌丝体是否萎缩、退菌、子实体有无伤口、伤痕、蛀孔或畸形，受害部位通常有害虫的残尸残壳、粪便及分泌物；二是在栽培场所和食用菌受害部位捕捉相应的害虫，对害虫进行鉴定。

（1）昆虫害

食用菌栽培过程中为害食用菌的主要昆虫有菌蚊类、菌蝇类和跳虫类。菌蚊和菌蝇类以幼虫取食菌丝，引起菌丝衰退、菌袋或培养料变黄发黑、菇蕾被害干枯死亡；子实体被害，会被蛀成许多孔洞，变黄萎缩。跳虫类幼虫和成虫聚集于接种穴周围或聚集于菌盖、菌柄、菌褶上取食为害，菌丝生长受抑，菇体形成不规则的凹陷斑或孔道，受害严重时枯萎死亡。

昆虫（平菇厉眼蕈蚊）的虫态和结构
（1）幼虫；（2）蛹；（3）雌成虫；（4）雄成虫；（5）触角；（6）前翅；（7）下颚须；（8）平衡棒；（9）雄成虫尾器；（10）雌成虫尾须

（2）螨害

螨的身体分为颚体和卵圆形的躯体两部分，有4对足。螨的虫体微小、生活史有卵、幼虫和成虫几种虫态，幼虫和成虫以口针刺吸食菌丝造成退菌、培养料发黑潮湿。

（3）蜗牛和蛞蝓害

蜗牛和蛞蝓为软体动物。蜗牛有贝壳1枚，蛞蝓的贝壳退化成石灰质盾板、身体裸露而柔软。蜗牛和蛞蝓可以直接取食多种食用菌的子实体，形成孔洞和缺刻，严重时子实体残缺不全。

（三）食用菌病虫害发生发展

食用菌病虫害防治的主要目标：确保食用菌生产无病虫灾害损失，确保食用菌产品安全无公害，确保食用菌产品优质高产。要实现这三大目标就必须深入了解食用菌病虫害的发生规律，制定合理的食用菌病虫害防治策略，构建食用菌病虫害科学防治技术体系。

1. 病虫害发生与生态系统关系

食用菌病虫害是在一定的环境条件影响下有害生物与食用菌相互作用构成的

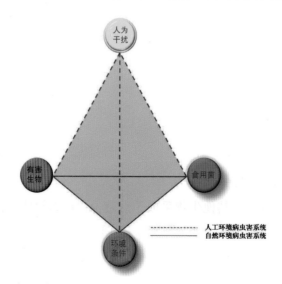

食用菌病虫害系统结构

生态系统。野生食用菌的病虫害系统称自然环境病虫害系统，栽培食用菌的病虫害系统称为人工环境病虫害系统。将自然环境病虫害系统与人工环境病虫害系统的结构特点和其中的病虫害发生情况进行比较，有利于思考食用菌病虫害防治的诸多问题。

（1）食用菌自然环境病虫害系统

这个系统的组分包括了食用菌、有益生物和有害生物、环境因子（温度、光照、水分、空气、营养物质），这三方面因素相互作用而形成一个整体。食用菌对环境、基质、生物群落的适应性是在长期相互作用中形成的，食用菌择食而生、择境而居、择邻而处，病虫害水平处于低发和偶发，保持了系统的稳定性。

基质是提供食用菌营养的生命源泉，基质中的碳源也是一切生物争夺的对象。群落中物种的竞争，主要基于营养物质的供求和分配。目前，能进行商业性栽培的食用菌几乎都是异养腐生性菌类，主要有木腐生型和粪草腐生型两类生态型。植物是食用菌天然的营养基质，组成植物细胞壁的纤维素、半纤维素、木质素是重要的碳源。这两类食用菌都具有强大的纤维素水解酶和木质素水解酶，能分解纤维素和木质素从而获得供其生长繁衍的碳源以及其他营养物质。除了食用菌等高等担子菌及木霉菌能分解利用纤维素、半纤维素、木质素，其他大多数微生物都不能或极少分解和利用纤维素及木质素。野生菇类对其生活基质种类的适应性和专一性是经过长期选择的结果，其他微生物对这种基质无法或难以利用。因此，在自然环境中，供野生菇类生活的木本植物或草本植物基质，似乎成为其专享基质。

食用菌对气候因素和营养基质的选择结果，食用菌与这些环境因素通过相互调节，形成最佳组合，由此，自然条件下的各种食用菌表现出物候、生境和地理分布差异。例如，口蘑属中的蒙古口蘑（*Tricholoma mongolicum*）只产于秦岭以北，生于草地，3~5月份盛产；栎树口蘑（*Tricholoma quercicola*）只产于秦岭以南，生于栎林，7~9月份盛产。

食用菌对群落中的其他生物采取趋益避害，择邻相处。自然生境中食用菌与其他的微生物及生物物种间的关系属于和平相处状态，在一定阶段生物群落组合中的物种之间在索取各自的营养和所需生态因子时，并无相左的冲突，能相持相安。

（2）食用菌人工环境病虫害系统

这个系统的组分包括了食用菌、有益生物和有害生物、环境因子、人为干预，其中最重要的问题是人类活动，干扰了食用菌自然生态系统。人工环境中的食用菌菌种、生物群落和环境因素都发生了巨大变化。

①菌种变化：食用菌菌种通过人工驯化栽培，其生理特性和遗传特性都发生变化，竞争性和抗逆性都大大降低。菌种多代继代培养还会导致种性退化。

②基质变化：人工栽培食用菌，其营养基质发生根本性变化。菌种培养基以及代料栽培基质都采用人工配制，选用较为精细的碳源、氮源和其他营养元素配制而成。这样的培养基对以纤维素和木质素为基质的食用菌而言是一种婴儿食品，不必花费太多力气就可以吸收其营养物质；而对能短时间产生大量菌丝和无性孢子的子囊菌和接合菌等竞争性真菌而言，这类人工培养基更适合其生长繁殖。因此，食用菌的菌种培养基以及代料栽培基质是食用菌与其病原微生物的共享基质。食用菌菌丝体在这种培养基上生长缓慢，而其他竞争性真菌的菌丝能迅速扩展，孢子大量产生和广泛传播，从而抑制食用菌的生长。

③环境变化：食用菌人工栽培环境的温度、光照、水分和空气完全依赖人工调控，存在两方面的问题。一是适合食用菌生长的环境条件同样也适合其他病原微生物生长；二是这种环境条件一旦失调，常常对食用菌造成伤害。

④生物群落变化：食用菌人工栽培环境中存在大量真菌、细菌、害虫，它们是食用菌的陌生敌害，它们对食用菌的关系是一种掠夺性竞争或致伤致病。

食用菌病虫害自然环境系统与人工环境系统的比较结果表明，食用菌基质演替和环境变化导致生物群落结构的变化。人工环境中的生物群落存在大量食用菌的病原菌和害虫，是导致食用菌病虫害频发和暴发的根源。

2. 食用菌病虫害侵染循环

食用菌侵染性病害和虫害的发生是在一定的环境条件下食用菌与有害生物相互作用的结果。侵染性病害或虫害从食用菌的前一个生长季节开始发生，到下一个生长季节再度发生的过程称作侵染循环。侵染循环有4个环节：有害生物存活、传播、初侵染和再侵染。研究病虫害的侵染循环是制定有效防治措施的重要依据。

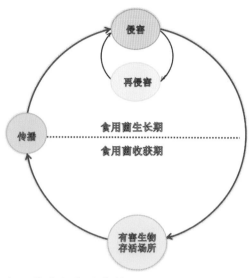

食用菌病虫害侵染循环

（1）有害生物存活

食用菌收获后存活的病原物和害虫是食用菌下一个生长季节的初侵染源。侵染食用菌的病原物有较强的腐生性，以菌丝体、分生孢子、厚垣孢子、子囊孢子、孢囊孢子、菌核、接合孢子等方式生存于染病的菌筒、菌床、子实体、培养基质、土壤中腐败有机体，培养室和接种室的地面、墙壁、各种工具的表面。食用菌害虫以老熟幼虫或蛹存活，或生存于食用菌栽培场所周围的腐败有机体或中间宿主。

（2）有害生物传播

食用菌有害生物的传播方式有主动传播和被动传播。害虫以主动传播为主，从存活场所迁飞到食用菌培养料面或子实体上为害。病原物的传播主要是依赖外界的因素，其中有自然因素和人为因素，自然因素中以风、雨水、昆虫和其他动物传播的作用最大；人为因素中以带病菌种和带菌基质调运、制种和栽培过程中的操作及工具传播。

①气流传播：气流传播是食用菌病原物最重要的一种传播方式。病原真菌种类多，而且多数以孢子形式传播，其孢子数量大、体积小、质量小，非常适合于气流传播。酵母菌和细菌也可能附着于尘土随空气传播。采用培养基平板法收集食用菌场接种室、培养室等室内外空气中的微生物，可以采集到青霉、曲霉、毛

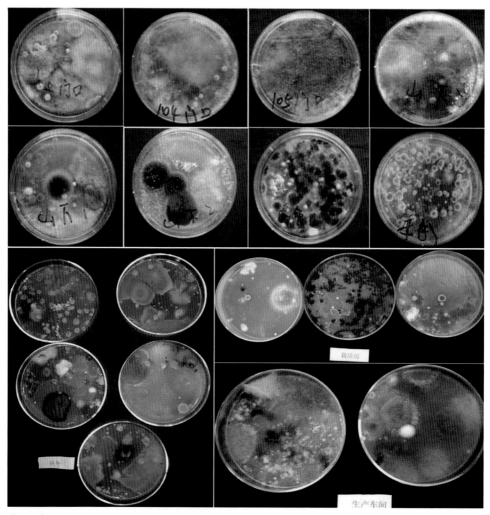

食用菌场空气中采集的微生物样本

霉、根霉、脉孢霉、木霉、镰刀菌、链格孢、枝孢霉、弯孢霉、酵母菌和多种细菌。

②浇灌水传播：食用菌子实体生长期使用不清洁的水源进行菌筒补水和子实体喷水，极易传播病原菌。田间或大棚畦栽时覆盖于畦面的塑料薄膜上的水滴也能传播病原菌。

③生物介体传播：昆虫，特别菌蝇和菌蚊为害菌丝后，极易引起细菌性病害和木霉为害。线虫除直接为害食用菌外，还能传播细菌病害和真菌病害。

④人为传播：培养料灭菌不彻底造成菌种污染；购买、引进和使用带病菌种，

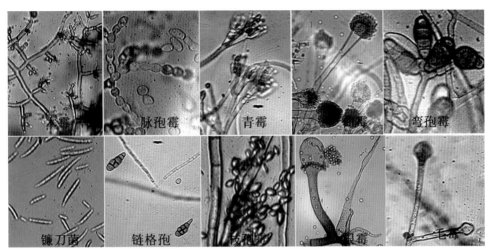

食用菌场空气中采集到的病原真菌种类

造成食用菌病害的传播；使用不干净的工具或穿着带菌衣服接种导致栽培料污染，使用不洁净的浇灌水、引起二次污染，接种室、栽培室不干净，发病菌筒随意搬移，这些因素都可引起病害传播。

（3）侵染机制

害虫以取食培养物、菌丝体和子实体，并在其中大量繁殖增加其种群数量，造成重大为害。病原菌侵染机制比较复杂，大体上可分为竞争、抑制、寄生。

①竞争作用：病原菌中的真菌和细菌对食用菌的破坏，体现在对食物营养和生存空间方面的强大竞争力。据对11种食用菌与木霉菌的菌落生长速率比较，木霉菌日生长速率为3厘米，秀珍菇为1.53厘米，毛木耳为1.13厘米，杏鲍菇为0.9厘米，金针菇为0.9厘米，鸡腿磨为1.2厘米，灵芝为1.53厘米，平菇为2.0厘米，蘑菇为0.4厘米，猴头菌为0.8厘米，香菇为0.47厘米，茶薪菇为1.0厘米。测定的数据表明，木霉菌丝的生长速度为食用菌生长速度的1.5~6.38倍。

②抑制作用：病原菌中的真菌和细菌可以产生抑菌物质抑制食用菌生长。抑菌物质分为非挥发性和挥发性两类。非挥发性抑菌物质在培养料中扩散，抑制食用菌菌丝生长。挥发性抑菌物质可在空气中扩散抑制食用菌生长。如果在培养皿的底和盖的内面，倒入培养基制成平板，底部平板接种木霉，盖部平板接食用菌，接种后合上培养皿进行培养。1周后观察可见到，皿底无木霉的皿盖平板上食用菌生长正常，皿底接木霉的皿盖平板上食用菌菌落生长受到抑制。

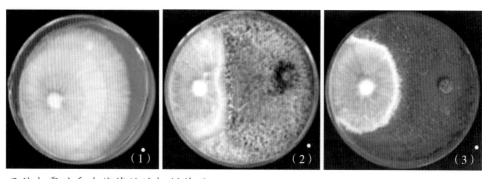

两种木霉对秀珍菇菌丝的抑制作用
（1）秀珍菇对照菌落；（2）绿色木霉抑制秀珍菇生长；（3）长枝木霉抑制秀珍菇生长

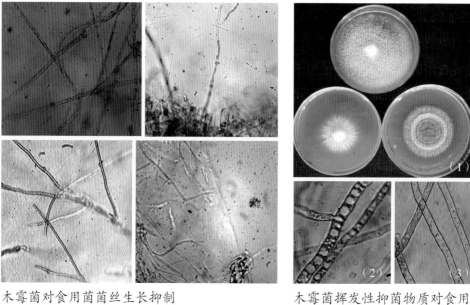

木霉菌对食用菌菌丝生长抑制
香菇正常菌丝（上左）和被抑制菌丝（上右）；灵芝正常菌丝（下左）和被抑制菌丝（下右）

木霉菌挥发性抑菌物质对食用菌菌丝的抑制
（1）正常菌落（上），被抑制菌落（下左）和哈茨木霉菌落（下右）；（2）被抑制菌丝；（3）正常菌丝

③寄生作用：有些病原真菌和细菌可以寄生于食用菌的菌丝或子实体。真菌能形成侵染丝穿透食用菌菌丝细胞壁吸收营养物质，可以在食用菌菌丝细胞内或菌组织内生长和扩展。细菌寄生于食用菌菌体细胞间隙，分泌果胶酶分解细胞中胶层，造成细胞组织瓦解形成腐烂。线虫取食为害食用菌的菌丝体和子实体细胞

组织。病毒寄生于食用菌和菌丝细胞内进行自我复制，感染病毒的食用菌在培养料中出现菌丝退化或形成畸形子实体。

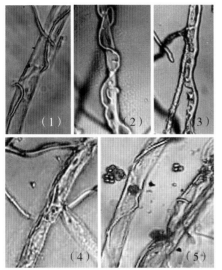

木霉寄生食用菌菌丝
（1）（2）缠绕寄生；（3）吸器穿入；
（4）（5）菌丝内寄生

食用菌子实体寄生真菌
（1）疣孢霉寄生蘑菇；（2）拟盘多毛孢寄生杏鲍菇；（3）镰刀菌寄生香菇；（4）青霉寄生猴头菌

（4）初侵染和再侵染

病原物和害虫在食用菌生长季节首次侵害的过程称为初侵染。害虫初侵染的虫态有成虫和幼虫。病原物的接种体有真菌的孢子、菌核或菌丝体，细菌细胞，病毒粒子，线虫等。完成初侵染的病原物和害虫产生的后代，在食用菌同一生长季节和同一栽培场所再次为害的过程叫再侵染。食用菌病原物和害虫多数具有强大的繁殖能力和较短的生活史，在食用菌的同一生长季节中，这些有害生物能大量繁殖和传播，导致食用菌病虫害大发生。

3. 食用菌病虫害防治原理

食用菌病虫害防治最根本一条是要阻止有害生物与食用菌任何敏感性生育期接触和侵害。为此，食用菌病虫害防治要设立除害、拒害、避害、抗害、控害等五道防线（表1）。

表1 食用菌病虫害防治原理、措施及其作用

防治原理	防治措施	主要防治作用（+）		
		减少初侵染数量	降低病虫害扩展速度	提高食用菌防御能力
除害：铲除有害生物	消毒：物理法或化学法	+		
	灭菌：物理法或化学法	+		
拒害：拒绝有害生物	检验检疫：健康优质菌种	+		+
	卫生防疫：环境及器械	+	+	
避害：回避有害生物	屏障阻隔防御	+	+	
抗害：抵抗有害生物	利用健康优质菌种	+	+	+
	使用适生专用基质	+	+	+
	环境调控与健康栽培	+	+	+
控害：控制有害生物	消灭侵染中心		+	+
	全面控害防御		+	+
	生物生态防御		+	+

（1）除害

铲除有害生物，常用的方法有消毒法和灭菌法。

①消毒法：消毒是应用物理或化学措施清除食用菌冷却室、接种室、培养室、出菇室等空间的有害生物和操作具械、操作人员衣帽鞋和手的表面微生物。消毒是一种不彻底铲除有害生物的方法，但是，可以消灭大部分的有害生物，减少初侵染病原物和害虫的数量，降低或抑制初发病虫害。对生料栽培的食用菌也可以采用化学消毒或高温消毒等方法，减少培养料内的病原物和害虫的数量。

②灭菌法：灭菌是应用物理或化学方法杀灭培养基、培养料、培养容器、接种器械中的全部有害生物，灭菌是一种彻底铲除有害生物的方法。培养料的彻底灭菌是确保获得食用菌纯培养物和优质高产的关键环节。

（2）拒害

杜绝有害生物入侵。拒害的主要措施包括，加强菌种检验检测，不购不用污染菌种、老化菌种和不健康菌种；搞好食用菌生产厂场的环境卫生，及时清除废弃培养物，清除病原物及害虫滋生的废料、废菌渣，保持生产环境的整洁；使用干净水源和诱杀害虫。

（3）避害

在有害生物和食用菌之间实施空间上的阻隔。避害的主要措施包括，食用菌菌种接种和培养场所与培养料贮藏和制备场所隔离，防止培养料中的有害生物传播侵害；食用菌培养容器和培养物与培养场所的空间隔离，采用优质容器，防治破袋或容器破损造成培养物污染；食用菌菌种接种和培养场所与外界环境隔离，采用防虫网防止外部害虫入侵或使用高效空气净化系统防止外源病菌入侵。

（4）抗害

应用健康栽培技术提高食用菌的抗逆性，防止病虫造成的危害。抗害的主要措施包括：选用健康、适龄的优质菌种，适当加大接种量，提高食用菌菌丝的生长速度和整齐度，增强竞争力；根据不同食用菌的营养生理特性，研制和筛选专用基质，提高食用菌的健康水平和抗逆性；改善培养和栽培的环境条件，以达到促进食用菌生长和控制病虫害发生的目标。

（5）控害

食用菌病虫害始发期或初发期，及时采取适当措施控制病虫害的扩散蔓延，减轻危害。控害的主要措施包括，及时清除被侵染的菌袋、菌筒，药剂喷施封锁发病中心，喷施杀虫杀螨剂消灭入侵害虫；清除侵染中心后，及时使用选择性的熏蒸消毒剂、杀虫剂进行熏蒸，消灭培养室或栽培室残存的病菌和害虫；调节和改善食用菌生长环境的生态条件，控制病虫害暴发危害。

（四）食用菌病虫害科学防治技术

1. 食用菌病虫害防治策略与技术体系

食用菌病虫害防治的基本策略是预防性治理。食用菌是一类特殊作物，其病虫害发生也具有特殊性，食用菌病虫害防治重在预防。食用菌病虫害防治技术体系的核心是卫生防御与生态防御相结合。

（1）卫生防御

食用菌病原物和害虫可以通过多种方式生存和传播。病原菌可以在栽培基质中存活，潜伏在栽培基质中，附着在栽培工具及操作人员衣服鞋帽手掌表面，飘浮于操作室及培养室的空气中。因此，病原物可以通过基质、空气、器具及人工操作等途径传播。害虫可以在受害的菌筒、菌床残存基质、菌渣、子实体残余组织、室外杂草及其他有机质上生存，可以主动迁移扩散。因此，必须清除病原物和害虫的存活场所，切断传播途径，阻截病菌害虫来源。做好基质净化、环境净化、器具净化、操作净化，实现食用菌洁净栽培。

①基质净化：用于制作菌种和熟料栽培的基质必须经过高温灭菌处理，彻底杀灭基质的一切有害生物；用于生料栽培的基质要经过高温发酵处理或化学方法处理。

②环境净化：接种室、培养室在使用之前要经过物理方法或化学方法消毒处理；栽培场所内外要时刻保持干净的环境；彻底清除室内外残余的基质、病菌渣、

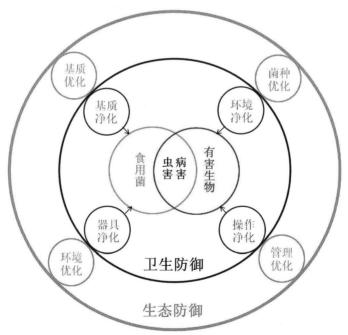

食用菌病虫害无公害治理技术体系

病子实体和一切垃圾；要清洗地面，必要时栽培场所地面及周围墙体表面要用消毒液擦洗。菌种培养室和食用菌栽培室，使用前可选用杀虫剂和杀螨剂喷施，杀灭害虫害螨；要清除栽培环境中的杂草、垃圾及一切脏物，减少害虫迁移危害，培养室和栽培室要做好防虫防菌隔离设施。工厂化栽培食用菌的车间要安装空气净化系统。

③器具净化：试管、培养皿、菌种瓶、周转筐等使用后要及时清洗和消毒。培养架、培养箱等要保持清洁，要定期用消毒剂进行清洗和擦拭。空调和空气净化系统要定期清洗，保持洁净空气。

④操作净化：食用菌生产始终要坚持无菌操作。操作人员进入接种室或培养室必须穿戴经过消毒的工作服、鞋、帽和口罩，操作时要先用肥皂或消毒水洗手。接种枪、接种铲、剪刀、镊子使用前要通过火焰消毒。

（2）生态防御

综合利用各种生物措施，改善食用菌生长条件，创造不利于有害生物存活、传播、侵染和有利于食用菌菌丝、子实体生长的环境条件，达到控制病害和虫害的目标。做好基质优化、菌种优化、环境优化、管理优化，提高食用菌对有害生物的抵抗能力和竞争能力。

①基质优化：代料栽培时要注意主料和辅料的选择和配方。主料根据食用菌的适生性选用不同树种的木屑或玉米芯、甘蔗渣、棉籽壳、草粉等，辅料选用优质无霉变的米糠、麸皮、黄豆粉、花生饼粉等；注意主料和辅料的配比，调节适宜的 pH 值和含水量，选用合适的容器、保持合适的填料量和松紧度，注意密封、防破袋，基质装袋后及时灭菌，防止袋内发酵。

②菌种优化：选用纯正菌种和长势旺盛的适龄菌种，加大接种量，菌袋（包）接种时要使菌种覆盖料面，增强食用菌菌丝的占领作用。

③环境优化：根据食用菌的生理特性，调整环境温度、光照、含水量和湿度、通气条件、基质营养，创造适宜食用菌生长的生态条件，达到优质高产的目的。

④管理优化：食用菌栽培要做到"精工细管，实时调控"。食用菌菌种制作和播种栽培期要严格做好"基质净化、环境净化、器具净化、操作净化"，实现食用菌洁净栽培；食用菌生长期对其环境条件要及时调整，保持良好的生长条件；对病虫害要严密监控，做到早发现、早控制。

2. 食用菌病虫害防治措施的选择与应用

（1）卫生措施

这是防治食用菌病虫害的最关键技术措施，包括灭菌、消毒、无菌操作、检验检疫。

①灭菌：灭菌是食用菌学研究和生产的基本操作。灭菌是指用物理或化学的方法，完全除去器物表面和内部的一切微生物。食用菌纯培养中所用的基质、口罩、包装物、各种操作工具（如剪刀、镊子、接种针、接种枪、接种铲等），都要经过灭菌。

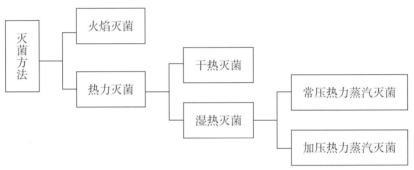

食用菌生产上常用的灭菌方法

火焰灭菌适用于接种针、接种枪、接种铲、菌种耙、剪刀、镊子等工具灭菌。操作前先将这些工具擦洗干净后将能接触到菌种的部位浸泡于酒精中，取出后放在酒精灯火焰上，将酒精烧干，重复2~3次就可达到彻底灭菌的目的。

干热灭菌原理是利用高温使微生物细胞的蛋白变性，达到灭菌目的。将能耐干热的器皿，如吸管、培养皿、试管、三角瓶、棉花塞等放入干燥灭菌箱内，在165℃（160~170℃）保持1~2小时。干热灭菌不适合处理高温易损物品和含水物品。

常压热力蒸汽灭菌是大规模菌种生产和熟料栽培筒（棒）生产常用的方法。将灭菌培养基质放在灭菌锅内用蒸汽加热灭菌。当中心温度达到100℃时，维持此温度12~14小时。常压灭菌锅由灭菌锅和蒸汽发生系统两部分组成，有多种类型。常压灭菌主要问题是耗时和有时出现灭菌不彻底。

加压热力蒸汽灭菌效率高，省时。密闭的高压灭菌锅中的水加热后发生蒸汽，锅内压力升高，水的沸点和蒸汽温度也增高；在饱和的蒸汽压力下，热力能较快穿透到基质中心并杀死各类微生物。高压灭菌锅有各种各样的类型。高压灭菌操作程序如下：第一，灭菌锅中的加水量要达到指定标度。第二，把灭菌基质放入灭菌锅内，将盖密闭，打开排气阀。第三，加热，等冷空气完全排除后（白色蒸汽从排气孔连续有力地冲出），关闭排气阀；当压力达到 34.4735 千帕（5 磅 / 英寸^2）再次排气，然后关闭排气阀。第四，当压力达到 103.5 千帕（15 磅 / 英寸^2）、温度达 121℃，开始计算灭菌时间（60 分钟）。第五，达到灭菌时间后停止加热，焖锅 30 分钟，打开排气阀排气逐渐降低压力；压力完全下降后，才能打开灭菌锅的盖，锅内温度降至 60℃才能出锅。

克服灭菌不彻底的途径：a. 选用新鲜无霉变基质，基质装袋后要及时灭菌；基质含水量要适宜，装量和松紧度适宜，防塑料袋穿孔和破裂。b. 根据灭菌锅的容量安排合适的装料量，菌种瓶、料筒（棒）之间要保持一定间隔或间隙度，也可采用周转筐，目的是提高蒸汽的穿透性和循环性。c. 必须认真排除锅体内的冷空气团，中心温度和压力达到规定要求。d. 灭菌锅达到规定的压力和温度后，必须维持足够的灭菌时间。

②消毒：消毒是指采用物理或化学方法消灭或减少病原微生物以防止侵染。食用菌生产的消毒是对接种箱、接种室、培养室、栽培室的空间消毒，也可以用于地面、培养设施等表面消毒。常用消毒剂种类和器械及其用途主要有以下几种。

二氧化氯（ClO_2）是国际上公认的新一代的高效、广谱、安全的消毒剂和食品保鲜剂，对细菌、病毒、真菌均具杀灭作用。二氧化氯粉剂适于食用菌生产的

二氧化氯主要剂型

有关场所的空气喷雾消毒及各类栽培设施设备的消毒；二氧化氯熏蒸剂适用于食用菌生产的有关场所的空间熏蒸消毒；二氧化氯缓释型空间消毒挂袋适用于食用菌生产的有关场所的空间熏蒸消毒。

三氯异氰尿酸（TCCA）也称三氯异氰脲酸，是新一代的广谱、高效、低毒的消毒剂，对真菌、细菌、病毒都有杀灭作用。三氯异氰尿酸粉剂适于食用菌生产的有关场所的空气喷雾消毒及各类栽培设施设备的消毒；三氯异氰尿酸熏蒸剂适用于食用菌生产的有关场所的空间熏蒸消毒。

三氯异氰尿酸剂型

二氯异氰尿酸也称二氯异氰脲酸，是一种高效、广谱、新型杀菌剂，可杀灭各种细菌、藻类、真菌和病菌。二氯异氰尿钠酸粉剂适于食用菌生产的有关场所的空气喷雾消毒及各类栽培设施设备、栽培基质的消毒；二氯异氰尿酸菇房专用消毒剂和二氯异氰尿酸钠烟熏剂适用于食用菌生产的有关场所的空间熏蒸消毒。

二氯异氰尿酸剂型

高锰酸钾是一种强氧化型杀菌剂，通过氧化作用使病原微生物细胞内的酶失活而使菌体死亡。常用 0.1%~0.2% 溶液对培养架、器皿及用具进行表面消毒。

甲醛是一种强还原性杀菌剂，与菌体的氨基酸结合使蛋白质变性失活。

甲醛－高锰酸钾熏蒸剂通过氧化—还原反应释放甲醛分子进行空间消毒。每立方米空间施用 10 毫升 38%~40% 甲醛 +7 克高锰酸钾进行熏蒸。这是一种经典的消毒方法，用于接种室、培养室的消毒。这种熏蒸方法对人体健康有一定的不良影响，生产上不提倡连续使用。

乙醇俗称酒精。70%~75% 溶液用于物体表面和操作人员皮肤表面消毒。

紫外线消毒法常用于接种箱、超净工作台、缓冲室的空间消毒。

臭氧发生器消毒法主要用于接种箱、接种室空间消毒。

空气净化机法是使用空气净化机对接种室、培养室等密闭空间进行空气净化。

③无菌操作：食用菌从菌种制备到栽培、发菌、出菇、采收全过程，接种人员都要遵循无菌操作的原则，操作人员服装、手、工具都要做好消毒工作，接种室、培养室等也要做好消毒工作和隔离防护。采收后及时清理伤残菇体，保持室内清洁。

④检疫检验：加强菌种的检验检疫。选用生活力旺盛、生长整齐、菌龄适合的优质纯菌种；清除受病菌和害螨感染的菌种，清除生长衰弱、老化菌种；不使用瓶口及瓶塞、棉花塞染菌的原种、栽培种。

（2）农业措施

重视健康栽培，提高食用菌自身的抗逆性和竞争力。

①选择适生基质：不同食用菌类别对营养基质有一定选择性，因此基质要认真选择和科学配制。

②选择优良菌种：选用优质高产适龄的纯净菌种，栽培接种时要保持合适的接种量和均匀度，促进菌丝快速同步生长。

③选择栽培适期：开放式栽培食用菌应根据食用菌品种的温型安排合适的栽培季节，确保按时出菇。也可以选择不同温型的菌种合理搭配，做到周年生产。

④调控生态环境：重视接种室、培养室、出菇室的温、光、水、气调控设施建设，根据食用菌不同生育期的生理特性，实时调整生态条件，可以促进食用菌生长或实现食用菌产品人工定向培养。例如，适当延长昼夜温差刺激，有利于白

灵菇子实体形成；遮光和提高二氧化碳浓度，有利于培养出色白、脆、嫩、小盖、长柄的金针菇。

⑤有益生物保护利用：自然界中存在许多食用菌的有益生物，这些有益生物

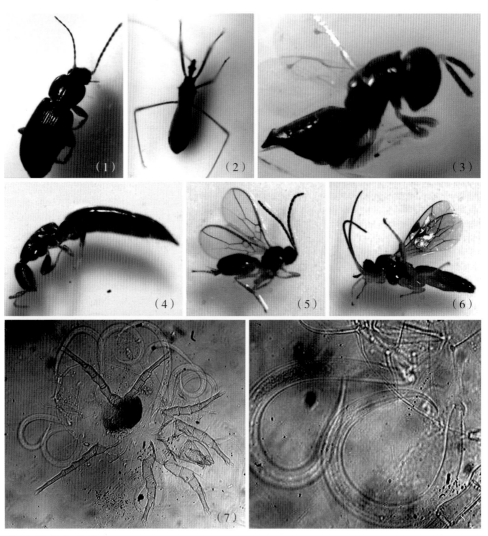

食用菌害虫天敌
（1）背黑狭胸步甲；（2）彩纹猎蝽；（3）米象金小蜂；（4）管氏肿腿蜂；（5）瘿蜂；（6）姬蜂；（7）被线虫寄生的菌螨；（8）螨寄生线虫

在生产中应加以保护和利用。例如，嗜热链霉菌（*Streptomyces thermophilus*）、高温放线菌属（*Thermoactinomyces*）、高温小单孢菌（*Micromonospora thermolutea*）能软化和分解堆肥中的秸秆和粪肥，加工成供双孢蘑菇和大肥菇生长的培养料。

食用菌害虫的天敌包括捕食性和寄生性两类。黑背狭胸步甲（*Stenolophus connotatus*）能捕食多种迟眼蕈蚊、蚤蝇、隐翅甲、蝼蛄等害虫，彩纹猎蝽（*Euagors plagiatu*）能捕食厉眼蕈蚊、蛾蠓、跳虫等；管氏肿腿蜂（*Sclerodema guani*）可寄生隐翅甲；米象金小蜂（*Lariophagus distinguendus*）能寄生扁谷盗、锯谷盗和烟草甲等；姬蜂可寄生小菌蚊蛹，瘿蜂可寄生蚤蝇蛹；有些线虫能寄生食菌螨。

（3）物理措施

物理防治方法简便易行、无毒无害，在食用菌栽培中广泛使用。

①隔离种植：培养室、出菇室远离基质原料贮存室，防止病菌孢子和害虫迁移为害。

②设施防护：培养室门窗应安装60目塑料纱网，阻止室外菇蝇和菇蚊入侵危害。

③色光诱杀：培养室和出菇室发生虫害，可用诱虫灯和黄板诱杀害虫。

④高温灭害：高温季节培养基质通过日光暴晒和保持干燥能有效防止霉变和害虫滋生；栽培前或采收后培养室和出菇室用高温处理可杀死一些病菌、害虫、害螨。

⑤淹水除虫：冲洗清洁填料室、培养室和出菇室地板能清除螨类、小型昆虫和病原物。

（4）化学措施

食用菌与病原物同属于微生物，对杀菌剂和杀虫剂敏感；食用菌通过菌丝吸收营养物质并转移到子实体，在培养料中或菌丝体上施用化学农药易造成食用菌产品农药残留；食用菌菌丝体和子实体为人们直接食用，不宜使用化学农药。鉴于食用菌生产具有以上特殊性，因此生产上农药使用更应遵循原则。

①筛选广谱低毒高效农药，避免药害和农残：有许多杀虫剂和杀菌剂都能有效防治食用菌病虫害，但是也会对食用菌造成伤害或残留。因此，食用菌上使用

的农药，先要经过试验。筛选对食用菌无害，对病原菌和害虫具有广谱低毒高效的农药。例如，抑霉唑、咪鲜胺锰盐、噻菌灵也是一类高效、低毒、广谱性内吸杀菌剂，对绿色木霉的菌丝生长有明显抑制效果。试验结果也表明这几种杀菌剂对食用菌菌丝有不同的抑菌作用。抑霉唑对秀珍菇、金针菇、茶薪菇、鸡腿蘑、毛木耳等5种食用菌菌丝表现出强烈的抑制作用；咪鲜胺锰盐对毛木耳、茶薪菇、鸡腿蘑的菌丝有微弱的抑制作用，对香菇、秀珍菇、金针菇菌丝生长影响小；噻菌灵对毛木耳菌丝有抑制作用，对香菇、茶薪菇、秀珍菇、金针菇、鸡腿蘑菌丝生长影响极小。

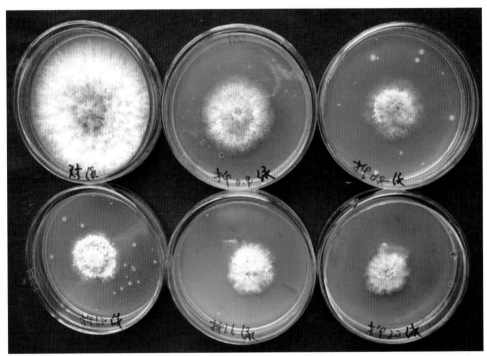

抑霉唑对绿色木霉菌丝的抑制作用
药剂浓度依次为0（对照）、0.4微克/毫升、0.8微克/毫升、1.2微克/毫升、1.6微克/毫升、2.0微克/毫升

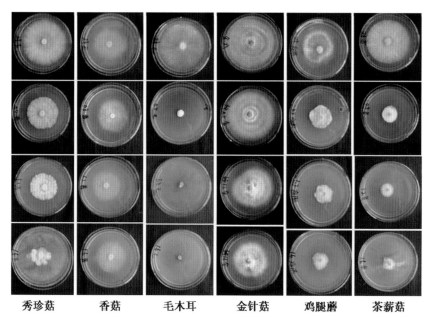

| 秀珍菇 | 香菇 | 毛木耳 | 金针菇 | 鸡腿蘑 | 茶薪菇 |

抑霉唑对 6 种食用菌菌丝的抑制作用
第一行对照，自上面下有效成分 0（对照）、0.8 微克 / 毫升、1.2 微克 / 毫升、
1.6 微克 / 毫升

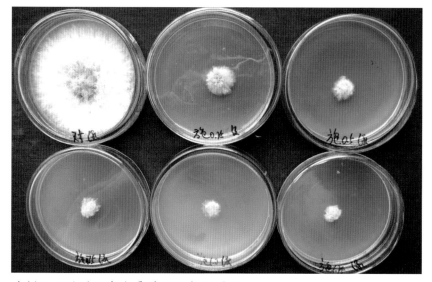

咪鲜胺锰盐对绿色木霉菌丝的抑制作用
药剂浓度依次为 0（对照）、0.25 微克 / 毫升、0.5 微克 / 毫升、0.75 微克 / 毫
升、1.0 微克 / 毫升、1.25 微克 / 毫升

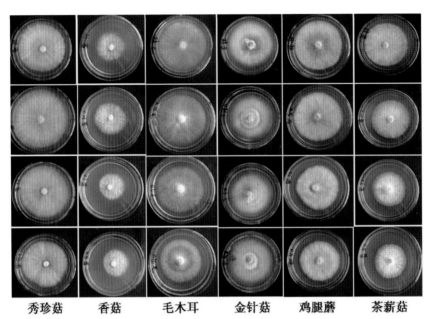

| 秀珍菇 | 香菇 | 毛木耳 | 金针菇 | 鸡腿蘑 | 茶薪菇 |

咪鲜胺锰盐对 6 种食用菌菌丝的抑制作用
第一行对照，自上而下有效成分 0（对照）、0.25 微克 / 毫升、0.5 微克 / 毫升、0.75 微克 / 毫升

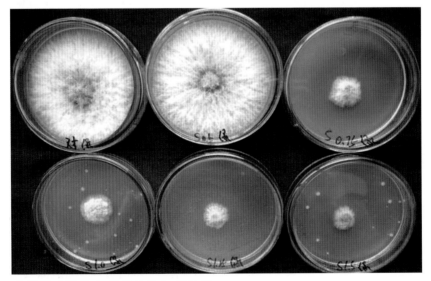

噻菌灵对绿色木霉菌丝的抑制作用
药剂浓度依次为 0（对照）、0.5 微克 / 毫升、0.75 微克 / 毫升、1.0 微克 / 毫升、1.25 微克 / 毫升、1.5 微克 / 毫升

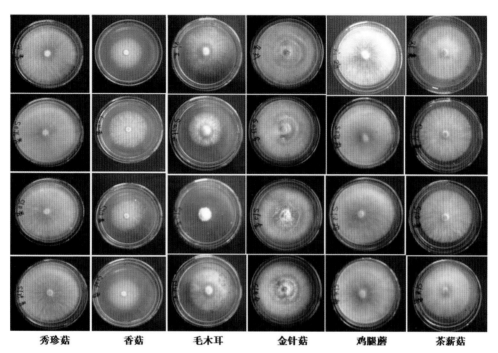

| 秀珍菇 | 香菇 | 毛木耳 | 金针菇 | 鸡腿蘑 | 茶薪菇 |

噻菌灵对 6 种食用菌菌丝的抑制作用
第一行对照，自上而下有效成分为 0（对照）、0.75 微克 / 毫升、1.0 微克 / 毫升、1.25 微克 / 毫升

我国食用菌上常用的农药产品列于表 2。

食用菌生产上对农药的选择和使用要十分慎重。尤其在出菇期滥用农药不仅会抑制子实体生长，同时会造成食品污染。现在世界各国对食品中的残留农药检验都非常严格，农药残留会影响产品的质量和市场竞争能力。《食品安全国家标准　食品中农药最大残留限量》（GB2763-2019）中规定了各类食用菌农药最大残留限量（表 3）。

表 2　食用菌生产上常用的农药产品

农药品种	防治对象	使用方法
50% 咪鲜胺锰盐可湿性粉剂	疣孢霉病、帚霉病、木霉病、青霉病、轮枝孢霉病、黏菌病	培养料拌料、菇床喷雾、覆盖土处理、地栽菇畦面喷霉

农药品种	防治对象	使用方法
40% 噻菌灵可湿性粉剂	蘑菇疣孢霉病、帚霉病、地碗病	培养料拌料、菇床喷雾、覆盖土处理
500 克／升噻菌灵悬浮剂	蘑菇疣孢霉病、帚霉病、地碗病	培养料拌料、菇床喷雾、覆盖土处理
60% 代森锌可湿性粉剂	曲霉病、青霉病、木霉病、根霉病	菇床喷雾，菇房环境喷雾处理
80% 代森锰锌可湿性粉剂	曲霉病、青霉病、木霉病、根霉病	菇床喷雾，菇房环境喷雾处理
50% 甲基硫菌灵可湿性粉剂	曲霉病、青霉病、木霉病、轮枝霉病、指孢霉病、枝孢霉病、镰孢萎缩病	菇床喷雾，菇房环境喷雾处理
50% 多菌灵可湿性粉剂	曲霉病、青霉病、木霉病、轮枝霉病、指孢霉病、枝孢霉病、镰孢萎缩病	培养料拌料、菇床喷雾、覆盖土处理、地栽菇畦面喷霉
50% 苯菌灵可湿性粉剂	曲霉病、青霉病、木霉病、轮枝霉病、指孢霉病、枝孢霉病、镰孢萎缩病	菇床喷雾，菇房环境喷雾处理
72% 农用硫酸链霉素可湿性粉剂	蘑菇、平菇细菌性斑点病、平菇细菌性腐烂病	培养料拌料、菇床喷雾、覆盖土处理、地栽菇畦面喷霉
40% 二氯异氰尿酸钠可溶粉剂	各类真菌性病害和细菌性病害	菇场空间消毒、器具消毒、培养料消毒
45% 高效氯氰菊酯乳油	菇蝇、跳虫、菇蚊、螨类	菇床喷雾杀虫，菇房环境喷雾杀虫
4.3% 氯氟甲维盐乳油	菇蝇、跳虫、菇蚊、螨类	菇床喷雾杀虫，菇房环境喷雾杀虫
14% 哒螨灵熏蒸剂	菌蚊、蚤蚊、果蝇、粪蝇、大菌蚊等菌蛆类双翅目害虫、鳞翅目食用菌低龄幼虫、跳虫	菇房空间熏蒸

注：有效成分用量及使用浓度参照农药产品使用说明。

表3　食用菌中农药最大残留限量（摘自 GB2763—2019）

食用菌名称	农药种类	最大残留限量（毫克/千克）
蘑菇类（鲜）：香菇、金针菇、平菇、茶树菇、竹荪、草菇、羊肚菌、牛肝菌、口蘑、松茸、双孢蘑菇、猴头菌、白灵菇、杏鲍菇等。测定部位：整棵	氟虫腈	0.02
	甲氨基阿维菌素苯甲酸盐	0.05*
	2,4-滴和2,4-滴钠盐 (2,4-D，2,4-D Na)；氯菊酯；五氯硝基苯	0.1
	氟氰戊菊酯；氰戊菊酯和S-氰戊菊酯；溴氰菊酯	0.2
	除虫脲；氟氯氰菊酯和高效氟氯氰菊酯	0.3
	乐果	0.5*
	氯氟氰菊酯和高效氯氟氰菊酯；氯氰菊酯和高效氯氰菊酯；马拉硫磷、双甲脒	0.5
	咪鲜胺和咪鲜胺锰盐	2
	百菌清、福美双、腐霉利、噻菌灵、代森锰锌	5
	灭蝇胺	7
		1（平菇）

* 表示临时限量。

②注重预防为主，讲究施药方法：食用菌接种栽培前使用化学消毒剂对菇房内外进行卫生消毒，使用低毒高效选择性农药对基质进行处理是预防病虫害发生的根本措施。菌丝生长期间菌床发生病虫害应及时清除侵染点，喷施低毒高效杀虫剂或杀菌剂封锁侵染中心，尽量避免直接将农药喷到菌丝体上；使用熏蒸杀虫剂杀菌剂进行全面防控。严禁出菇期直接对子实体喷施农药。

③一药多治、轮换用药：使用低毒广谱高效杀菌剂杀虫剂同时防治多种病害虫害，做到一药多治，2~3种农药轮换使用可避免病菌害虫产生抗药性。

3. 食用菌病虫害配套防治技术

（1）菌种阶段病虫害防治技术

食用菌菌种有母种、原种和栽培种三类，菌种病害分为侵染性病害和生理性病害。

侵染性病害有毛霉病、根霉病、曲霉病、青霉病、木霉病、脉孢霉病、酵母菌、细菌性病害。细菌病和酵母菌病主要发生于母种（试管种），真菌性病害主要发生于原种和栽培种。

生理性病害有菌种老化和菌种种性退化。

虫害以螨害为主。

①病虫害发生原因：a.培养基灭菌不彻底易发生细菌性病害。b.接种箱或接种室未严格消毒，无菌操作不严格导致接种期感染。c.试管塞或菌种瓶棉花塞受潮易感染杂菌并引起菌种病害，菌种袋破损也会引起菌种污染。d.使用染病母种转管继代培养或转接原种培养，引起母种病害和原种病害；使用染病原种转接栽培种，引起栽培种病害。e.菌种继代培养次数过多，采用衰弱老化菌种转管易引起菌种种性退化；接种量太少，接种不均匀，菌种瓶内的菌丝不能同步生长，培养时间过长易引起菌种老化。f.螨害发生原因是环境卫生措施不力，由残存于菌种培养室内外的害螨迁移为害。

②防治措施：a.卫生防御。确保培养料彻底灭菌；接种箱、接种室、使用器具要严格消毒；操作人员要严格执行无菌操作，防止人为污染。b.菌种优化。使用纯净健康菌种；控制继代次数，定期分离复壮，淘汰衰退菌种、选择健壮菌种转管，预防菌种种性退化。c.改进接种技术。培养料预留接种孔均匀接种，确保培养基上下菌丝同步生长，控制培养时间预防菌种老化。d.防控螨害。主要是做好培养室地面、墙壁、培养设施的卫生消毒，出菇前室内用熏蒸杀螨剂进行熏蒸除螨。

（2）菌丝生长期病虫害防治技术

食用菌营养生长期是菌丝大量发生的时期。根据食用菌栽培方式，菌丝生长期病害可分为菌袋病害、菌床病害、菌畦病害。由于生态条件复杂，侵染来源广泛，有害生物种类多，引起的病害虫害种类多。食用菌菌丝生长期病害有真菌性病害、黏菌病害、细菌病害、线虫病害、生理性病害；虫害主要有菇蝇、菇蚊、食菌螨。

①病虫害发生原因：a.菌袋病害，主要有毛霉病、根霉病、曲霉病、青霉病、木霉病、酵母菌、细菌性病害、螨害。往往是栽培基质灭菌不彻底、使用污染的栽培种、栽培场所残存的病原物和螨虫侵害等原因引起的。b.生料栽培食用菌常见的菌床病害，有疣孢霉病、石膏霉病、地碗病、青霉病、木霉病、脉孢霉病、

菇蝇、菇蚊、食菌螨，其原因一是原辅料不新鲜，堆料发酵不彻底；二是接种量不够，没有覆盖料面；三是覆土未经消毒，栽培场所卫生措施不力，残存的病原物和害虫侵害。c.地畦栽培的病害主要有木霉病、脉孢霉病、黏菌病害、线虫病害，主要是畦土未严格消毒引起的，病原物由土壤传播。d.生理性病害主要有菌丝徒长、菌丝萎缩，原因主要有菌种温型与栽培季节搭配不当或水分管理失调可能导致不出菇；基质碳氮比（C/N）失调、过高的氮源导致营养生长过度，菇房高温和通气不良可能造成菌丝徒长；播种后由于培养料后发酵导致高温"烧菌"，培养料中添加过多氮源（如尿素）导致菌丝氨气中毒，培养料水分失调（过干或过湿）等都会引起菌丝萎缩。e.虫害发生原因是环境卫生措施不力，由残存于栽培场所内外的害虫迁移为害。

②防治措施：a.认真做好培养料灭菌和栽培料的发酵消毒，合理配制培养料，生料栽培和畦地栽培时要注重覆土和畦土的消毒、杀虫。b.使用纯净健康菌种，注重菌种温型等生理特性做到适时栽培，保证接种质量做到足量均匀接种。c.加强栽培管理，优化食用菌生长条件。d.栽培前要认真做好栽培场所的卫生消毒，清除初侵染源；病虫害始发期及时清除侵染中心并用杀虫杀菌剂封锁侵染中心，防治病虫害扩散蔓延。

（3）子实体生长期病虫害防治技术

食用菌子实体生长期主要病害有真菌性病害、细菌病害、生理性病害；虫害主要有菇蝇、菇蚊、食菌螨、跳虫类。

①病虫害发生原因：a.子实体侵染性病害的侵染源主要来自菌筒、菌床病害，由菌筒、菌床上的病原菌传播到子实体引起再侵染。b.子实体生理性病害主要症状为畸形和变色，由于温度、光照、水分、通气等生长条件不适，化肥、农药中毒等因素引起。c.虫害发生原因是环境卫生措施不力，由残存于栽培场所内外的害虫迁移为害。

②防治措施：a.认真做好菌丝生长期的病虫害防治工作，预防再侵染。b.加强栽培管理、优化食用菌生长条件，慎用化学药剂。c.栽培前要认真做好栽培场所的卫生消毒、清除初侵染源，子实体生长期严禁直接向子实体喷施农药。

（4）食用菌工厂化栽培病虫害防治技术

目前实现工厂化栽培的食用菌品种，短生育期的有金针菇、杏鲍菇、银耳等，长生育期的有真姬菇、白灵菇、双孢蘑菇、鸡腿蘑等。这些菇类基本上属于恒温型白色菇种，可以实现温光调控。食用菌工厂化栽培是一种封闭式栽培，温光水气等可通过机械设备调控，厂房车间可实现卫生净化管理。鉴于以上原因食用菌工厂化栽培与传统栽培方式相比较，病虫害种类较少。

①病害发生原因：菌丝生长期病害有木霉病、脉孢霉病、细菌病；出菇期木霉病和细菌病、生理性病害。细菌性病害主要来源于培养料污染，侵染源主要是培养基灭菌不彻底、部分由菌种带菌和培养室空气带菌；真菌性病害是由于培养环境卫生措施不力，残存的病原菌发生侵染为害；生理性病害是培养环境条件不适造成的。

②虫害发生原因：虫害以螨害为主。发生原因是环境卫生措施不力，由残存于室内外的害螨迁移为害。

③防治措施：a.确保培养料彻底灭菌。b.使用纯净健康菌种。c.搞好栽培环境卫生，接种室、栽培室及使用器具要严格消毒。d.螨害的防治主要是做好培养室地面、墙壁、培养设施的卫生消毒，出菇前室内用熏蒸杀螨剂进行熏蒸除螨，培养室和栽培室进出口设置隔离网和消毒池。e.加强环境条件调控管理，预防生理性病害。

二、食用菌病害

（一）木霉病

木霉病是食用菌的重要病害，其病原菌木霉（*Trichoderma* spp.）能侵染各种食用菌的菌种、菌筒、栽培料和子实体。据调查，食用菌木霉病在食用菌种植区普遍发生，银耳子实体木霉病发病率可达 10%~30%，造成严重损失；灵芝和香菇木霉病严重发生时发病率高达 60% 以上；金针菇、杏鲍菇、平菇与秀珍菇的木霉病发病率在 10% 左右。

该病可在各种食用菌的菌种、菌筒、栽培料和子实体上发生。菌筒、栽培料发病食用菌菌丝生长被抑制，培养料或基质表面产生绿色至深绿色霉层，出菇少或不出菇；子实体发病形成绿色至深绿色霉层，菇体小、畸形、萎缩或腐烂。

1. 病害实例

（1）香菇木霉病

香菇菌筒受害后，表面产生绿色霉层，菌筒内部变褐色，腐烂，后期培养料

香菇菌筒发菌期木霉病

香菇菌筒出菇期木霉病

香菇子实体木霉病

地栽香菇子实体木霉病

减轻，营养成分被分解，最后影响香菇的出菇；香菇栽培后期，木霉侵染菇柄产生白色的菌丝，并随菌丝的生长扩展到菇盖背面，随后产生绿色的分生孢子继续侵染为害，导致菇柄和菇盖背面变褐腐烂，病部产生绿色霉层。

（2）银耳木霉病

病菌先从接种口的子实体基部侵染，子实体染病后先变为黄色，逐渐在其表面产生一层白色的菌丝，菌丝迅速覆盖整个子实体，菌丝中间产生绿色的分生孢子并形成绿色霉层。早期染病的子实体萎缩，后期感染的子实体腐烂。

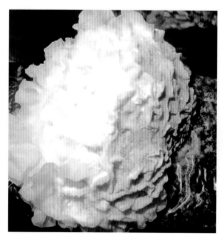
银耳子实体木霉病（前期）

银耳子实体木霉病（中期）

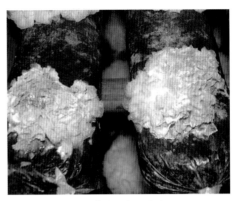

银耳子实体木霉病：子实体萎缩（左）　银耳子实体木霉病（后期）
和霉烂（右）

（3）杏鲍菇木霉病

杏鲍菇菌筒和子实体均可感染木霉病。菌筒受害表面产生绿色霉层，菌丝死亡和不能生长、菌筒培养料变褐色腐烂，不能出菇；出菇期发病时木霉从菇丛基部侵染并向菇柄扩展，最后蔓延到整个菇体。子实体菌盖染病后先产生水渍状黄色斑，随后产生菌丝和绿色霉层。

杏鲍菇菌筒木霉病　　　　　　　　杏鲍菇子实体木霉病

（4）木耳木霉病

毛木耳和黑木耳菌筒（菌袋）和子实体均可感染木霉病。菌筒（菌袋）染病后，木霉菌菌丝迅速生长和扩展蔓延，使整个培养料表面覆盖绿色霉层，最终导致菌筒腐烂。子实体染病时病菌先从与培养料接触的子实体基部侵染，最后使整个子实体覆盖一层绿色霉层。幼嫩子实体染病后萎缩死亡，子实体中后期受害形成僵耳、畸形、细小，无食用价值。

毛木耳菌筒木霉病　　　　　毛木耳子实体木霉病

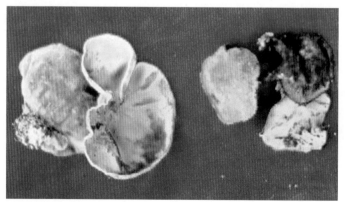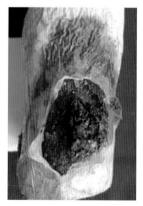

毛木耳子实体木霉病症状类型　　　　毛木耳木霉病（子实体萎缩）

毛木耳木霉病（子实体萎缩）　　　黑木耳菌筒和子实体木霉病

（5）灵芝木霉病

灵芝菌筒和子实体均可感染木霉病。菌筒受害表面产生绿色霉层，菌丝死亡和不能生长、菌筒培养料腐烂，不能出菇；子实体发病时先从菌盖外缘幼嫩组织和菌柄产生绿色霉层，逐渐向菌盖内层扩展，最后整个子实体都可能被绿色霉层覆盖。受侵染的子实体初期长出灰白色纤细浓密菌丝，随后产生分生孢子。随着分生孢子数量的增加以及孢子的老熟，颜色由淡绿色转为浓绿色。子实体发病后停止生长，菌组织坏死腐烂，菇小或畸形。

灵芝木霉病菇房为害状

灵芝菌筒木霉病　　　灵芝菌筒和子实体木霉病

 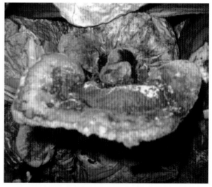

灵芝子实体木霉病（前期）　　　灵芝子实体木霉病（中期）

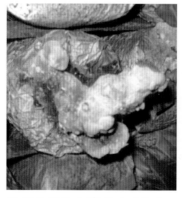 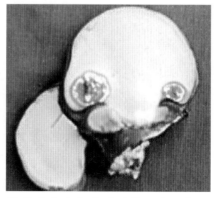

灵芝子实体木霉病（后期）　　　灵芝子实体木霉病（菌斑腐烂）

野生灵芝木霉病　　　　　　　灵芝子实体木霉病（畸形）

（6）白灵菇木霉病

白灵菇发菌期极易感染木霉，木霉从菌筒接种口侵染，随后在菌筒内扩展，严重时整个菌筒呈绿色霉层。染病菌筒子实体生长不良或不能生长。重病菇房菌筒发病率达50%以上。

白灵菇菌筒木霉病

（7）秀珍菇木霉病

秀珍菇菌袋初期长出灰白色纤细浓密菌丝，随后在灰白色菌丝上长出绿色粉状分生孢子。随着分生孢子数量的增加以及孢子的老熟，颜色由淡绿色转变成绿色或浓绿色，最后整个菌袋铺满绿色霉层。染病菌袋不产生子实体或子实体生长不良。

（8）鲍鱼菇木霉病

鲍鱼菇出菇期木霉菌侵染菇柄基部和菌盖背面的菌褶，发病组织初期呈黄色水渍状，随后长出白色菌丝和绿色分生孢子，形成绿色霉层。病菇腐烂。

秀珍菇菌筒木霉病   鲍鱼菇子实体木霉病.

（9）草菇木霉病

发病菌筒表面产生厚实的绿色霉层，出菇期菌筒上的木霉菌向子实体扩展，侵染菌柄后继续蔓延，最后绿色霉层包裹整个子实体，导致子实体腐烂死亡。

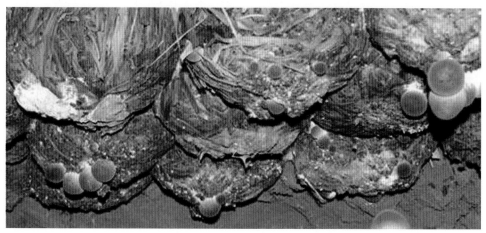

草菇菌筒和子实体木霉病

（10）蘑菇木霉病

木霉侵染蘑菇菌床的培养料和覆土层,在培养料面和土粒表面形成绿色霉层。出菇期菌床上的木霉菌向子实体扩展,被侵染的子实体变黄腐烂,后期在子实体表面形成绿色霉层。

蘑菇菌床木霉病　　　　　　　　　　　蘑菇子实体木霉病

病原菌主要为木霉属（*Trichoderma*）的绿色木霉（*T. viride*）、哈茨木霉（*T. harzianum*）、康氏木霉（*T. koningii*）、假康氏木霉（*T. pseudokoningii*）、拟康氏木霉（*T. koningiopsis*）、长枝木霉（*T. longibranchiatum*）、蜡素木霉（*T. cerinum*）。木霉属菌落绿色至深绿色,分生孢子梗无色,其上对生或互生小分枝,分枝上对生或轮生产孢细胞;分生孢子单孢,球形,聚生。

绿色木霉在 PSA（马铃薯蔗糖琼脂培养基）平板上菌落初呈白色绒状,后期出现轮状的菌丝密实产孢区,颜色为绿色至深绿色。分生孢子梗主分枝呈树状、主轴直、顶端偶稍弯曲呈环状排列,次级分枝单个或以 2~3 个为一组大角度伸出,

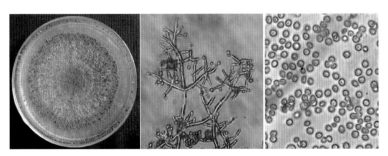

绿色木霉（*Trichoderma viride*）
菌落形状（左）；分生孢子梗和产孢细胞（中）；　分生孢子（右）

分枝弯曲或波状。瓶梗基部缢缩、中部较宽，从中部以上变窄形成长颈，以 2~3 个轮状排列，产孢细胞大小为（8~12）微米 ×（2.5~3）微米；分生孢子球形、表面有刺、大小为（3.1~4.4）微米 ×（3.5~4.2）微米。

哈茨木霉在 PSA 平板上菌落暗绿色，中部为密实产孢区，外缘也产孢，菌丝较少。分生孢子梗主分枝呈树状，其上众多次级分枝，常 2~3 个一组，直角伸出。瓶梗短、基部变细、中间膨大，以大角度伸出，终极瓶梗长而细，3~5 个瓶梗近似轮枝排列，产孢细胞大小为（7.5~12.5）微米 ×（2.0~3.75）微米；分生孢子球形、倒卵圆形，大小为（2.1~3.75）微米 ×（2.3~4.0）微米。

哈茨木霉（*Trichoderma harzianum*）
菌落形状（左）；分生孢子梗和产孢细胞（中）；分生孢子（右）

康氏木霉在 PSA 平板上菌落中间出现环状产孢区，产孢区平展，由黄绿色到深绿色，常形成 2~3 个同心轮纹。分生孢子梗主轴树状分枝，常呈金字塔形状，次级分枝以 2~3 个为一组长出，分枝与主轴的夹角大约 90°。瓶梗基部稍缢缩，中间膨大，顶部变细，常 3~4 个轮状排列。产孢细胞大小为（2.5~3.2）微米 ×（5.0~10）微米。分生孢子椭圆形、卵圆形或倒卵形，大小为（2.5~5.0）微米 ×（2.0~2.5）微米。

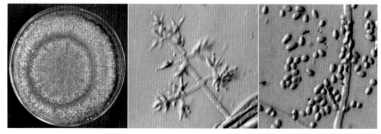

康氏木霉（*Trichoderma koningii*）
菌落正面（左）；分生孢子梗和产孢细胞（中）；分生孢子（右）

假康氏木霉在 PSA 平板上菌落由边缘到中间产孢、最终为浅绿色。分生孢子梗主枝长、树状生长，次级分枝直角伸出，瓶梗 2~5 个轮生、单生或间生。产孢细胞瓶梗延长，基部不变细，大小为（2.8~4.0）微米 ×（6.0~13.3）微米。分生孢子短圆柱形，大小为（2.6~3.8）微米 ×（3.1~5.0）微米。

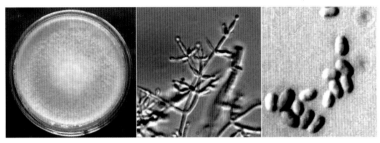

假康氏木霉（*Trichoderma pseudokoningii*）
菌落形状（左）；分生孢子梗和产孢细胞（中）；分生孢子（右）

拟康氏木霉在 PSA 平板上菌落产生大量绒毛状气生菌丝，分生孢子排列致密，形成宽的环状分生孢子环带。分生孢子堆呈粉状、黄绿色至深绿色。分生孢子梗主轴明显，分枝沿着主轴的方向依次对生，分枝常呈直角伸出，其上着生 3~5 个瓶梗、轮状排列。瓶梗安瓿形、中间膨大，大小为（5.4~8.6）微米 ×（2.9~4.9）微米，分生孢子椭圆形或倒卵形，大小为（2.9~4.4）微米 ×（2.4~2.9）微米。

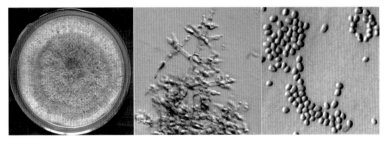

拟康氏木霉（*Trichoderma koningiopsis*）
菌落形状（左）；分生孢子梗和产孢细胞（中）；分生孢子（右）

长枝木霉在 PSA 平板上菌落中间开始出现产孢区，最初为浅绿色，老熟菌落为茶绿色，密集平展。分生孢子梗长而直，次级分枝直角伸出或朝主枝弯曲，次级分枝短，基部次级分枝多，少数具有二级分枝。瓶梗细长，少数中间膨大，瓶梗多单生，对生或 3 个轮生，产孢细胞瓶梗延长、基部不缢缩，（3~4.5）微

米 ×（7.9~14.4）微米。分生孢子椭圆形、卵圆形，大小（2.7~4.0）微米 ×（4.7~6.6）微米。

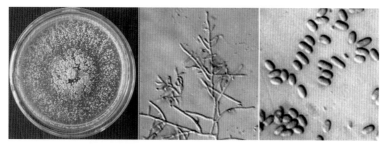

长枝木霉（*Trichoderma longibranchiatum*)
菌落形状（左）；分生孢子梗和产孢细胞（中）；分生孢子（右）

蜡素木霉在 PSA 平板上菌落菌丝浓密绒毛状、灰白色，菌落中间主产孢区、边缘具一明显的产孢环。分生孢子梗主轴粗，弯曲，初级分枝直角伸出，常对生，有时单生，通常向主轴顶端弯曲。瓶梗短，安瓿形或近球形，顶部常 3~5 个形成假轮状排列，或者对生，或者不规则的间生。产孢细胞基部缢缩、中间膨大、顶部细，大小为（4.8~7.5）微米 ×（2.6~4.4）微米；分生孢子近球形或短椭圆形，大小为（2.4~3.0）微米 ×（2.0~2.4）微米。

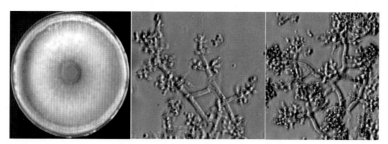

蜡素木霉 (*Trichoderma cerinum*)
菌落形状（左）；分生孢子梗和产孢细胞（中）；分生孢子（右）

2. 发生规律

木霉菌广泛分布于土壤、肥料、植物残体及空气中。气流、昆虫、螨类可传播病菌。多年栽培的老菇房、带菌的工具和场所也是主要的初侵染源。木霉菌生长温度 15~30℃，空气相对湿度 95% 以上；木霉喜欢在微酸性的基质上生长，最适酸碱度为 pH 4~5。木霉菌丝较耐二氧化碳，在通风不良的环境下，菌丝生长较快。

3. 防治措施

①卫生管理：种植前对菇房、菇架要严格消毒；搞好菇房内外环境卫生，及时清除病菇死菇和污染的菌筒；加强害虫防治，及时采收成熟子实体。

②温湿度调控：出菇期加强栽培场所的通风，降低空气相对湿度和温度。

③清除发病中心：发病的培养料或菌袋要及时搬离培养场所，并采取深埋、烧毁以及重新灭菌处理。菇床、地栽菇畦面发生木霉后要挖除发病中心并及时用40% 噻菌灵可湿性粉剂 500~800 倍液或 45% 咪鲜胺锰盐可湿性粉剂 800~1000 倍液喷施。

（二）链孢霉病

链孢霉病又称面包霉病、红色面包霉病、丛梗孢霉病、脉孢霉病、串珠霉病，所有食用菌菌种和培养料均可能发生这种病害。食用菌链孢霉病发生速度快、能在短时间内扩散蔓延，对食用菌菌种生产和食用菌栽培造成重大危害。

菌种、菌筒、菌床、子实体均可受害。被侵染的菌种及培养料，初期长出灰白色疏松棉絮状菌丝，菌丝迅速蔓延到瓶口或袋口，随后产生大量分生孢子和形成分生孢子堆；分生孢子堆初期呈白色，后转为橘红色或粉红色粉状。母种斜面培养基形成橘红色或粉红色的霉层；栽培种菌袋接种口处长出白色霉物并扩展到菌袋内的培养料上，使培养料覆盖着一层白色的霉状物，后转为粉红色；棉塞受

 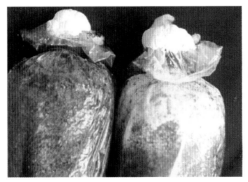 

母种链孢霉病　栽培种链孢霉病（袋口白色孢子堆）　　菌筒链孢霉病（接种口白色孢子堆）

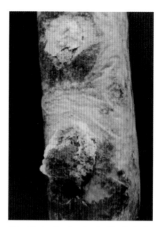

菌筒链孢霉病（粉红色孢子堆） 　菌筒链孢霉病（橘红色孢子堆） 　银耳子实体链孢霉病（腐烂和萎缩）

潮后易感染，在棉塞和菌种表面呈现出橘红色粉状孢子堆。子实体受害后形成粉红色霉层，畸形、腐烂或萎缩。

1. 病害实例

（1）香菇链孢霉病

病菌从香菇菌筒的扎口、接种口及菌袋破口侵染，菌丝快速生长并向菌筒内的培养料扩展，产生橘红色粉状分生孢子堆。

（2）平菇链孢霉病

平菇菌袋接种口或菌袋两端长出橘红色霉层。菌筒染病先在培养料上形成灰白色、疏松棉絮状的气生菌丝，随后蔓延到菌筒扎口并形成粉红色至橘红色粉状分生孢子堆。

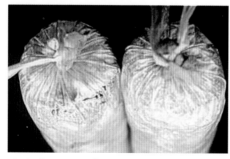

香菇菌筒链孢霉病　　　　　　　　平菇菌筒链孢霉病

（3）灵芝链孢霉病

灵芝菌筒染病后，在菌筒的扎口处、接种口，菌袋破口及培养料表面形成粉红色至橘红色粉状分生孢子堆。

（4）蘑菇链孢霉病

病菌侵染蘑菇菌床，在培养料表面和覆土表面先形成白色菌丝层，随后产生橘红色粉状分生孢子堆。发病菌床不能出菇或子实体畸形腐烂。

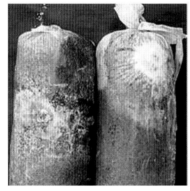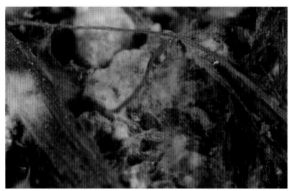

灵芝菌筒链孢霉病　　　　　蘑菇菌床链孢霉病

（5）杏鲍菇链孢霉病

杏鲍菇菌筒发病后在接种口和菌筒两端形成粉红色至橘红色粉状分生孢子堆。受侵染的菌筒菌丝生长受到抑制、出菇率低，菇体小、畸形。

（6）猴头菌链孢霉病

猴头菌菌袋的接种口处或破口处长出成团的粉红色分生孢子堆。

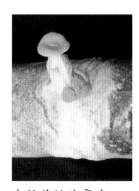

杏鲍菇链孢霉病　　　猴头菌菌袋链孢霉病　　　猴头菌菌袋链孢霉病

（7）银耳链孢霉病

银耳菌筒染病后，在菌筒的扎口处、接种口，菌袋破口及培养料表面先形成白色霉层、分生孢子大量产生后形成粉红色至橘红色分生孢子堆。病菌筒出菇率低，菇体小、黄色腐烂。

银耳菌筒链孢霉病　　　　　　银耳菌筒和子实体链孢霉病

病原菌无性阶段为好食链孢霉（*Monillia sitophila*），又称好食丛梗孢霉。菌丝有隔，分枝，网状。分生孢子梗无色、二叉分枝或不规则分枝、丛集成层。分生孢子串生呈链状，单细胞，卵形、椭圆形或不规则。分生孢子堆初期为白色，后期转变为粉红色或橘红色，分生孢子堆表面呈粉状，稍受震动分生孢子便散布于空气中。

有性阶段为好食脉孢霉（*Neurospara sitophila*）。子囊壳暗褐色、梨形或卵形，子囊壳内有多个子囊，无侧丝。子囊圆柱形，有短柄，内含8个子囊孢子。子囊孢子初期为无色透明，成熟时呈橄榄绿色或淡绿色。有性阶段培养基上则极少发生，引起病害的为无性阶段。

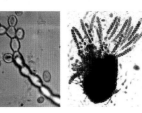

链孢霉菌丝和　链孢霉分生　链孢霉分生　链孢霉分生孢子　脉孢霉子囊
分生孢子梗　　孢子梗　　　孢子梗和分　　　　　　　　壳、子囊和
　　　　　　　　　　　　　生孢子　　　　　　　　　　　子囊孢子

2. 发生规律

病菌广泛分布于食用菌生产场所的各种环境中，通过气流传播。培养室或栽培室不卫生，培养基灭菌不彻底，棉塞受潮，菌袋破漏，瓶口或袋口没有清洗或沾有培养料均可引起感染发病。病菌生活力极强，分生孢子能耐高温，菌丝在 4~44℃ 内均能生长。温度 25~36℃，培养料含水量 53%~67%、pH 5~7.5，通气条件好的环境下有利于病菌生长繁殖和侵染。高温高湿、梅雨季节是该病高发时期。

3. 防治措施

①搞好环境卫生：这是防治链孢霉病的最重要措施。食用菌生产厂场要严格做好环境卫生，及时清除废弃的旧菌棒、老化的菌种、培养料残渣、污染的菌种和培养基质。生产前后，对培养室、培养架和栽培场所要清扫，并用杀菌剂或消毒剂进行灭菌消毒。

②严格规范操作：在菌种生产和食用菌栽培的各个环节都要注意无菌操作。一是选用新鲜、干燥、无霉变的优质培养料；二是选用优质的菌种袋和栽培袋，在操作过程中防治菌袋破损；三是装料后要清除黏附于袋口的培养料，塞好棉塞并用薄膜或牛皮纸包扎好，预防棉塞受潮；四是接种前搞好接种室或接种箱、接种工具、培养室及周围的清洁卫生，进行空气消毒处理；五是操作人员要做好自身的清洁卫生，接种时要严格实行无菌操作；六是使用生活力强、适龄、无污染的健康菌种，接种量有适当、不宜过少；七是接种后加强发菌管理，促进食用菌菌丝快速生长。

③清除再侵染源：接种后发菌期要坚持每天检查，连续观察 10~15 天。发现污染的菌种或菌筒及时搬到远离培养室的户外进行处理。用作菌种的母种、原种和栽培种一旦发病必须坚决汰除，不宜使用。

④恢复性治疗：用于出菇的菌筒、菌袋或菌瓶仅在瓶（袋）口或接种口受轻度感染时实施割疗。治疗方法是，拔掉被污染的棉塞，将瓶口或袋口用消毒剂、煤油或柴油擦拭，用经 75% 酒精浸泡的薄膜重新包口或换用经消毒的新鲜棉花塞。菌筒接种口或其他破损处污染，可滴上适量的 5% 甲醛或煤油或柴油，然后用薄膜包扎。

⑤生态治疗：有些食用菌菌丝抗逆性和生活力较强，菌筒内培养料受污染时

可将其搬到树下或阴凉处，排放整齐，覆盖双层黑色遮阳网，再用草帘或稻草、芦苇等覆盖并保持一定湿度；也可在树荫下挖栽培沟，将污染的菌筒或菌袋排放于沟内、覆上湿润土；过10~15天链孢霉层可萎缩消解，食用菌菌丝可恢复生长。

（三）青霉病和曲霉病

青霉菌和曲霉菌都是食用菌生产上的重要污染菌，能侵染各种食用菌的菌种、栽培料和子实体，也会引起食用菌贮藏期病害。

青霉病发病初期在病部出现白色菌丝，后形成绿色，青绿、黄绿、青灰色或蓝绿色的粉状霉层。曲霉病则在发病的子实体或菌筒培养料表面长出黄色、青绿色的颗粒状霉层。

1.病害实例

（1）香菇青霉病

香菇菌盖和菌柄均可发病。香菇菌盖正面产生绿色霉层，先在菌盖边缘产生一圈，随后扩展到整个菇盖，严重时绿色霉层覆盖整个子实体，造成子实体生长不良，影响品质。

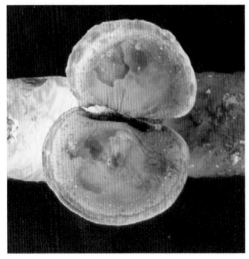

香菇青霉病（菌盖表面和边缘发病）

香菇青霉病（菌柄和菌盖发病）

（2）猴头菌青霉病

病菌先从与培养料接触的猴头菌基部组织侵染，发病的菌组织变黄，逐渐产生绿色霉层。严重发病时绿色霉层可覆盖整个子实体。

猴头菌青霉病（子实体基部发病）　猴头菌青霉病（子实体基部发病）　猴头菌青霉病（子实体整体发病）

（3）杏鲍菇青霉病

病菌可侵染菌筒和子实体。发病菌筒的培养料产生绿色霉层；出菇期培养料上的病菌可以向子实体扩展蔓延，引起子实体病害。杏鲍菇的菇柄、菇盖均可受侵染，病组织先呈现黄色水渍状腐烂，随后产生绿色霉层。细嫩子实体发病后停止生长，萎缩腐烂和形成绿色霉层。

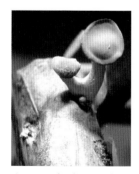 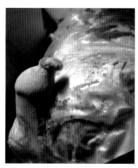 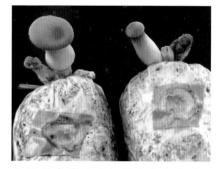

杏鲍菇青霉病（菌筒和子实体发病）　杏鲍菇青霉病（菌柄和菌盖发病）　杏鲍菇青霉病（细嫩子实体发病萎缩）

（4）灵芝青霉病

灵芝菌筒、菌床和子实体都会发生青霉病。菌筒发病在培养料表面产生绿色霉层；菌床发病时在覆土表面产生大量菌丝和绿色霉层，出菇期菌床上的病菌可以向子实体扩展蔓延，引起子实体病害。子实体发病初期在菌盖背面和菌柄产生白色或黄白色绒状菌丝，1~2 天后转变成绿色至蓝绿色粉状霉层，严重发生时整个菌盖背面都布满霉层。

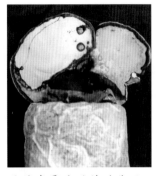

灵芝青霉病（菌盖背面和菌柄发病）

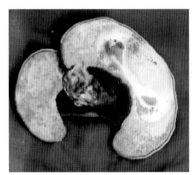

灵芝青霉病（菌盖背面发病）

灵芝青霉病（菌盖背面覆盖绿霉）

灵芝青霉病（覆土和子实体发病）

灵芝青霉病（地栽菇病害）

病原菌为青霉属（*Penicillium*）的多个种，常见的有短密青霉（*P. brevicompactum*）、缓生青霉（*P. tardum*）、纠缠青霉（*P. implicatum*）、皱褶青霉（*P. rugulosum*）、瘿青霉（*P. fellutanum*）和微紫青霉（*P. janthinellum*）等。青霉属分生孢子梗无色，顶部形成一至多次帚状分枝，分枝顶端形成多数产孢细胞（瓶状小梗），产孢细胞上分生孢子串生。分生孢子单细胞、无色，圆形、卵圆形或椭圆形。

短密青霉在 PSA 培养基上菌落绒状、灰绿色、有皱褶，局限生长，菌落边缘有一圈白色菌丝，菌落上有几圈轮纹，中间成一小圆圈，菌落上有呼吸滴。分生孢子梗粗大，分生孢子球形。

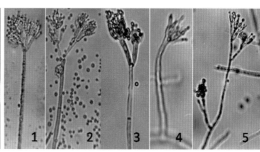

短密青霉菌落（左）和分生孢子梗（右）

缓生青霉在 PSA 培养基上菌落絮状、局限生长，有上下两层产孢面，菌落边缘有一圈白色菌丝带。分生孢子梗光滑细长，直径 2.0~2.5 微米；小梗末端稍尖，大小为（8~10）微米 ×（1.8~2.2）微米；分生孢子椭圆形，大小为（3.0~3.5）微米 ×（2.0~2.5）微米。

纠缠青霉在 PSA 培养基上菌落产孢面蓝绿色，菌落中央有少量白色毛状物，边缘有一小圈灰白色菌丝带。分生孢子梗光滑，顶端膨大；帚状枝单轮；小梗末端稍细，大小为（8~10）微米 ×2 微米；分生孢子球形，直径 2~4 微米。

皱褶青霉在 PSA 培养基上菌落局限生长，紧密有皱褶，深灰色，边缘有一圈狭窄的白色菌丝带。分生孢子梗间枝一层，小梗末端稍尖细、大小为（8~10）微米 ×（1.8~2.2）微米；分生孢子椭圆形，大小为（3.0~3.5）微米 ×（2.0~2.5）微米。

瘦青霉在 PSA 培养基上菌落生长缓慢，产孢带绿色，菌落中央有一白色绒状突起物，边缘一小圈白色菌丝带。分生孢子梗光滑、不分枝、顶端膨大着生一轮小梗；小梗瓶状，大小为（6~8）微米 ×（1.5~2.0）微米；分生孢子球形，直径 2.2~3 微米。

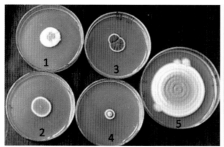

5 种青霉的菌落（左）和分生孢子梗（右）
1.缓生青霉；2.纠缠青霉；3.皱褶青霉；4.瘦青霉；5.微紫青霉

微紫青霉在 PSA 培养基上菌落生长快，有靶标状轮纹，内层为蓝绿色，边缘白色；分生孢子梗长、光滑，帚状枝分散、不规则；小梗瓶状、大小为（8~10）微米 ×（2~2.2）微米；分生孢子椭圆形，长 3~3.5 微米。

（5）灵芝曲霉病

曲霉菌侵染灵芝子实体菌柄和菌盖，发病部位表面长出黄色、青绿色的颗粒状霉层，颗粒是由粗糙的分生孢子链团构成。

灵芝曲霉病（菌柄发病）　　灵芝曲霉病（菌柄霉层向菌盖扩展）　　灵芝曲霉病（菌盖边缘产生黄色颗粒状分生孢子团）

病原菌曲霉属（*Aspergillus*），侵染食用菌的曲霉有米曲霉、寄生曲霉和匍匐曲霉。

米曲霉（*A. oryzae*）：在 PSA 培养基上菌落黄绿色至褐绿色，形成一圈圈同心轮纹，菌落背面黄白色、有皱纹。分生孢子梗粗糙有麻点，直径 17~20 微米、长 1~3 毫米，顶部膨大形成单层小梗：小梗大小为（5~12.5）微米 ×（2~2.5）微米；分生孢子球形，直径 3.5~5.0 微米。

寄生曲霉（*A. parasiticus*）：在 PSA 培养基上菌落正面黄色至黄褐色，形成多圈轮纹，菌落背面暗褐色。分生孢子梗粗糙，直径 12~25 微米、长 1~2 毫米；孢子梗顶部膨大呈球形，着生单层小梗；小梗大小（12~15）微米 ×（3~5）微米；分生孢子单胞、球形，直径 2.5~5 微米。

匍匐曲霉（*A. repens*）：在 PSA 培养基上菌落淡绿色、有多圈轮纹，菌落背面黄褐色。分生孢子梗光滑，直径 9~15 微米、长 0.5~1.7 毫米；分生孢子梗顶部膨大成椭圆形，直径（50~75）微米 ×（45~95）微米，着生单层小梗；小梗大小为（10~12）微米 ×（5~7）微米；分生孢子球形，直径 4.5 微米 ×7 微米。

曲霉菌的菌落正面、背面及分生孢子梗形态
米曲霉（上层），寄生曲霉（中层），匍匐曲霉（下层）

2. 发病规律

青霉菌和曲霉菌广泛分布土壤、肥料、植物残体及空气中。气流、昆虫、螨类和人工操作可传播病菌。温度 24~30℃，空气相对湿度高，基质呈酸性均有利该菌生长、繁殖和侵染。

3. 防治措施

①卫生防御：种植前对菇房、菇架要严格消毒；搞好菇房内外环境卫生，及时清除病菇、死菇和发病菌筒；地栽菇要做好基质和覆土的消毒。

②环境调控：菌种或菌筒发菌期间，要注意培养室清洁和通风防潮。出菇期加强栽培场所的通风，降低空气相对湿度和温度，要控制培养料适宜的含水量和菇房的相对湿度，菇床、菌袋上不能有积水。地栽灵芝要注意掀开薄膜进行通风，

降低薄膜内湿度。

③清除菌源：培养料或菌袋发病，要及时将污染的菌袋子搬离培养场所，并采取深埋、烧毁处理。菌床发病部位或病菇周围的菌袋及时用 40% 噻菌灵可湿性粉剂 500~800 倍液或 45% 咪鲜胺锰盐可湿性粉剂 800~1000 倍液喷施。菇房用熏蒸杀菌剂或消毒剂进行熏蒸消毒。

④适时采收：及时采收成熟子实体，避免子实体老化感染。

（四）黑霉病

毛霉菌、根霉菌、黑孢霉、束梗孢霉、网头霉、刚毛菌在食用菌菌种生产和袋料栽培中发生侵染，引起菌种和菌筒病害。受侵染的菌袋、菌筒培养料表面，袋口和接种口上形成黑色霉状物。由这些真菌引起的病害俗称黑霉病、黑面包霉病、黑粉病、煤烟病等。

1. 病害实例

（1）杏鲍菇毛霉病

在菌袋的接种口处长出白色的菌丝，严重时覆盖整个接种口，并向菌袋内的培养料扩展，后期转为黑色。

（2）茶薪菇毛霉病

在茶薪菇的菌袋上长出白色的气生菌丝，后期转为黑色霉层并铺满了培养料的表面。

（3）蘑菇菌床毛霉病

在蘑菇菌床培养料和覆土层表面先长出致密的白色气生菌丝层，后期转为黑色霉层并覆盖菌床表面。

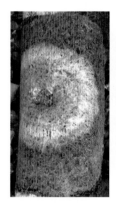 

杏鲍菇菌筒毛霉病（前期）　杏鲍菇菌筒毛霉病（后期）

食用菌黑霉病中的毛霉病原菌为毛霉属（*Mucor*）。菌丝白色，无横隔，孢囊梗从气生菌丝上生出，粗壮、不分枝或分枝，顶端膨大形成一个球状的孢子囊。孢子囊初期无色，后为灰褐色至黑色。孢囊孢子椭圆形、壁薄。常见种有大毛霉

（*M. mucedo*）、微小毛霉（*M. pusillus*）和总状毛霉（*M. racemosus*）。

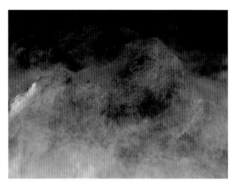

茶薪菇毛霉病　　　　蘑菇毛霉病　　　　　　　毛霉孢囊梗和孢子囊

（4）灵芝菌筒根霉病

灵芝菌袋受污染后根霉菌菌丝平贴于基物表面，初期呈灰白色或黄白色，孢子囊成熟后转变为黑色颗粒状霉层。

（5）鲍鱼菇根霉病

在鲍鱼菇的菌袋上长出白色的气生菌丝，后期转为黑色霉层并铺满了培养料的表面。

病原菌为根霉属（*Rhizopus*）。菌落初期为白色，老熟后灰褐色或黑色。匍匐菌丝弧形，无色，向四周蔓延，每隔一段长出假根；假根发达，孢囊梗从假根处长出；孢囊梗丛生，不分枝，初期灰白色，后变黄褐色或褐色；孢囊梗顶部形成球形孢子囊；幼孢子囊呈黄白色，成熟后变成黑色，内有许多孢囊孢子。侵染

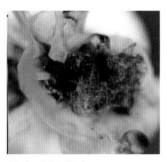

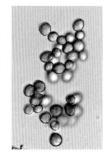

灵芝菌种根霉病　　鲍鱼菇根霉病　　　　　根霉孢囊梗、孢子囊和假根　　根霉孢囊孢子

食用菌的主要种有匍枝根霉（*Rhizopus stolonifer*）。

（6）菌种菌筒黑孢霉病

发病菌种、菌筒在培养料表面先产生白色菌丝层，随后产生孢子形成黑色孢子堆。

病原菌为黑孢霉（*Nigrospora* sp.）。菌丝无色或浅褐色，具隔膜。分生孢子梗短、简单，末端形成产孢细胞；产孢细胞顶生分生孢子；分生孢子黑色，单胞，球形。

（7）香菇菌筒束梗霉病

菌筒发病初期在培养料上形成白色的菌丝，后期转变成深烟灰色或灰黑色霉层。霉层由菌丝体和孢梗束组成。束梗霉能抑制食用菌菌丝生长，培养料发黑腐烂。

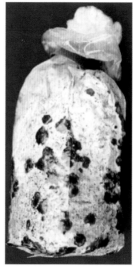

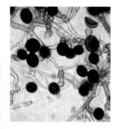

黑孢霉菌丝、分生孢子梗和分生孢子

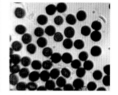

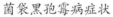

菌袋黑孢霉病症状　　　黑孢霉分生孢子

病原菌为矛束霉（*Doratomyces* sp.）。分生孢子梗束生，深色，有分隔，顶端松散，有帚状枝，其上形成分生孢子。分生孢子卵形或柠檬形，淡褐色或绿色，串生呈链状。

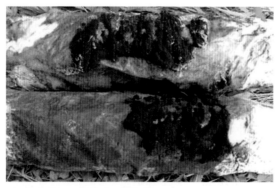

被矛束霉污染的香菇菌筒

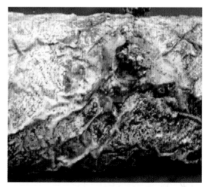

毛木耳网头霉病症状

（8）毛木耳网头霉病

网头霉病俗称黑霉病，毛木耳子实体或菌丝体都可发生病害。菌丝生长受抑制，子实体发病后停止生长，僵死萎缩。发病的菌袋或子实体上长出呈状黑色霉层。

病原菌为网头霉（*Rhopalomyces* sp.）。菌丝稀少。孢囊梗直立、细长、不分枝，有假根，末端膨大形成可孕泡囊；泡囊四周产生小梗；小型孢子囊着生于泡囊小梗上，单胞，无色，椭圆形。

 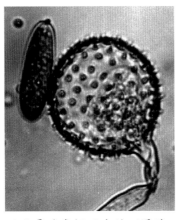 

网头霉具假根和泡囊的孢囊梗形态　网头霉孢囊梗顶生的可孕泡囊和小型孢子囊　　网头霉可孕泡囊上小型孢子囊着生状态

（9）茶薪菇刚毛菌病

刚毛菌病俗称煤烟病、黑粉病，茶薪菇的子实体、菌袋和培养料均可发生。病菌先在培养料上生长繁殖，抑制食用菌菌丝生长，培养料变成黑色并产生大量灰黑色孢子团。茶薪菇幼蕾易感染发病而枯萎死亡，枯死的子实体上产生成团的灰黑色霉团。染病菌袋内壁产生成团的灰黑色霉层，病菌还能从菌袋破口处向袋外扩展蔓延，在菌袋表面产生大量树枝状灰黑色孢子堆，孢子堆破裂后大量黑粉飞散。

病原菌为刚毛菌（*Lacellina* sp.）。刚毛直立，

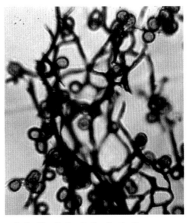

刚毛菌刚毛及分生孢子

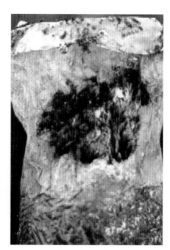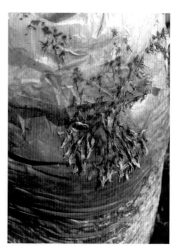

茶薪菇刚毛菌病症状　　茶薪菇刚毛菌病症状　　茶薪菇刚毛菌病症状
培养料表面有成丛灰黑色　菌袋上布满黑色霉（孢子）菌袋上有树枝状灰黑色霉团
霉团，子实体枯死　　　　　　　　　　　　　　　　（孢子堆）

高，褐色，简单；菌丝黑色，可缠绕于刚毛上，其上产生分生孢子梗；分生孢子梗较短，暗色，简单；分生孢子单胞，球形或卵圆形，黑色，串生。由于菌丝与刚毛缠绕，霉团上的孢子堆呈列状聚生。

2. 发生规律

毛霉、根霉、网头霉、黑孢霉、刚毛菌等存在于土壤、空气和有机残体上。孢子靠气流、水滴、土壤和培养料传播。高温高湿的条件有利其侵染和繁殖，在菌种生产中如果棉花塞受潮，接种后培养室的湿度过高，培养料含水量偏高，很容易感染黑霉病，造成严重损失。

3. 防治措施

①卫生防御：搞好环境清洁卫生，培养料要彻底灭菌，防止菌袋破损污染。

②生态调控：降低培养室的温度和湿度，将培养室的温度控制在 22℃以下，空气相对湿度控制在 70% 以下，加强菇房通气条件。

③营养控制：适当降低培养料中麸皮含量，少加糖或不加糖。

④阻截传播：菌筒发菌后期感染，可将病筒搬离培养室集中处理，轻度感染的菌袋在发病部位用杀菌剂处理控制其扩展；发病严重的菌筒要深埋或烧毁。

（五）镰孢霉病和红粉病

镰孢霉病又称猝倒病、萎缩病、枯萎病、黑腐病，病原菌能为害多种食用菌的子实体，也引起菌种病害。受害子实体变黑腐烂、萎缩死亡和形成"僵菇"，病组织长出白色菌丝，产孢后有时转为粉红色。

单端孢霉病俗称红粉病。食用菌子实体受害后僵缩，表面覆盖粉红色霉层。

1. 病害实例

（1）香菇镰孢霉病

地栽香菇栽培后期，香菇生长较弱，子实体易受镰刀菌的侵染，初在菇盖上产生白色的菌丝，菌丝生长很快覆盖整个子实体，随菌丝的生长子实体也逐渐腐烂并变黑。

香菇镰孢霉病（地栽菇）

香菇镰孢霉病症状

（2）鸡腿蘑镰孢霉病

初在鸡腿蘑子实体菌盖上长出白色菌丝，随着菌丝的蔓延生长，菌盖及菌柄呈黑色腐烂。

（3）茶薪菇镰孢霉病

病菌菌丝在菌筒培养料表面扩展，抑制茶薪菇菌丝生长；病菌也可侵染子实体引起腐烂。

（4）毛木耳镰孢霉病

毛木耳子实体上布满白色霉层，引起子实体腐烂。

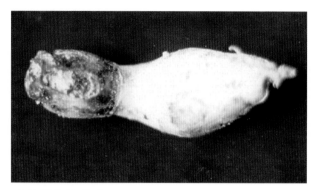

鸡腿蘑镰孢霉病

茶薪菇镰孢霉病（培养料面覆盖镰孢菌丝）

以上4种食用菌镰孢霉病的病原菌为镰孢属或称镰刀菌属（*Fusarium*）的一些种，主要有尖镰孢（*F. oxysporum*）和腐皮镰孢（*F. solani*）。分生孢子梗无色，有隔或无隔，下端形成分生孢子座或直接从菌丝上产生，不分枝或有分枝。产孢细胞瓶状，通常产生两种类型的分生孢子：大型分生孢子多细胞，椭圆形、茄形或镰刀形；小型分生孢子椭圆形或卵形，单胞或双胞；菌丝上或分生孢子上能形成厚垣孢子。

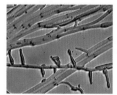

镰孢菌丝和产孢细胞（单瓶梗）

镰孢大型分生孢子和小型分生孢子

小型分生孢子头状聚生状态

厚垣孢子和菌丝

（5）鸡腿蘑单端孢霉病

病菌能侵染菌筒培养料和子实体。在培养料表面形成白色至粉红色霉层，抑制食用菌菌丝生长和子实体形成。鸡腿蘑的幼嫩子实体可单个或成丛发病，子实体从基部向上变黑萎缩腐烂，整个子实体表面覆盖白色至粉红色霉层。

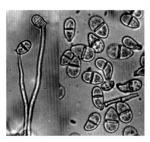

鸡腿蘑单端孢霉病菌筒和子实体症状 鸡腿蘑单端孢霉病子实体症状 单端孢分生孢子梗和分生孢子

鸡腿菇单端孢霉的病原菌为粉红单端孢霉（*Trichothecium roseum*）。分生孢子梗长，直立，不分枝，顶端着生分生孢子。分生孢子单生或聚生于分生孢子梗顶部，无色，双胞，卵圆形到椭圆形，一端细胞形成弯嘴状。

2. 发生规律

镰孢菌和单端孢霉菌存在于土壤、植物残体和其他有机质上，通过覆土、培养料、空气和水滴传播。通风不良，覆土过厚，高温高湿条件有利该菌生长、繁殖和侵染。

3. 防治措施

①保持清洁卫生：种植前对菇房、菇架要严格消毒；搞好菇房内外环境卫生，及时清除病菇死菇和发病菌筒；培养料要彻底灭菌，地栽菇要做好基质和覆土的消毒。

②实时生态调控：出菇期加强栽培场所的通风，降低空气相对湿度和温度。地栽菇要注意掀膜通风，降低薄膜内湿度。

③清除再侵染菌源：培养料或菌袋发病，要及时将污染的菌袋子搬离培养场所，并采取深埋、烧毁处理。

（六）腐烂病

轮枝孢、枝孢、拟青霉侵染食用菌子实体后都会引起子实体腐烂。

轮枝孢病又称干泡病、褐斑病、干腐病、萎缩病。病菌侵染食用菌子实体，菌盖上形成褐腐斑点，幼菇受害萎缩或干腐，幼耳受害停止生长形成僵缩。

枝孢可侵染多种食用菌的菌种、菌丝和子实体。发生于菌种和培养料时，其菌落呈绒毛状、黑绿色至黑色。子实体发病腐烂，长出暗绿色霉层。

拟青霉病菌寄生于食用菌子实体，发病初期子实体基部出现水渍状斑点，病斑逐渐扩大最后导致菌柄基部变黑腐烂。

1. 病害实例

（1）茶薪菇轮枝孢病

茶薪菇轮枝孢病又称茶薪菇褐斑病、干腐病。病菌侵染菌盖，在菌盖表面初期长出针头大小的斑点，上生白色菌丝；病斑逐渐扩大、凹陷，呈褐色腐烂斑；小菇蕾受害不能继续生长，萎缩干腐。

茶薪菇轮枝孢病（菌盖产生褐斑）

茶薪菇轮枝孢病（菌盖产生褐斑）

茶薪菇轮枝孢病（幼菇萎蔫干腐）

（2）鸡腿蘑轮枝孢病

俗称鸡腿蘑干腐病。病菌侵染鸡腿蘑的菇盖、菇柄和基部，形成褐色斑点，病斑上长满了白色的菌丝。病斑扩大并相互连接引起黑色腐烂。小菇蕾受害不能继续生长，萎缩干腐。

鸡腿蘑轮枝孢病（菌柄基部和菌盖发病）　鸡腿蘑轮枝孢病（幼菇萎蔫干腐）　鸡腿蘑轮枝孢病（子实体变黑腐烂）

（3）毛木耳轮枝孢病

俗称毛木耳干腐病、僵耳病。耳基受害僵缩不长，颜色变成淡褐色或暗褐色，小耳片皱缩不能伸长，外形似一小块花菜。有的耳基部分受侵染发病呈僵缩状，未受侵染的耳片仍可继续长大开片。在潮湿条件下，病子实体表面长一层灰白色霉物。

毛木耳轮枝孢病（幼耳枯死或僵耳）

（4）蘑菇轮枝孢病

蘑菇轮枝孢病俗称蘑菇褐斑病、干泡病。病菌寄生于子实体，菌柄和菌盖表面出现褐色斑点或条斑。受侵染的子实体向一侧弯曲，严重时呈畸形。病菇内部变褐和干缩。

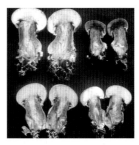

蘑菇轮枝孢病（菌盖和菌柄产生褐斑）　蘑菇轮枝孢病（菌盖表面产生褐斑）　蘑菇轮枝孢病（菌盖和菌柄内部变褐坏死）

病原菌为枝孢（*Verticillium* spp.）。分生孢子梗细长、分枝，分枝轮生、对生或互生；分枝末端及主梗顶部端生瓶状小梗（产孢细胞）；分生孢子卵圆形到椭圆形，无色、单胞，单生或聚生成头状。常见种为菌生轮枝孢（*V. fungicola*）和伞菌轮枝孢（*V. agaricinum*）。

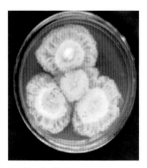  

轮枝孢菌落　　　　　轮枝孢分生孢子梗　　轮枝孢分生孢子梗和分生孢子

（5）平菇枝孢霉病

平菇发病初期整丛子实体或单个子实体上出现症状，幼菇菌盖上出现白色的霉层，后扩展到菌柄；病子实体黄化、萎蔫、腐烂死亡，病部产生白色的霉层后转为暗绿色。幼菇发病通常整丛萎缩枯死。

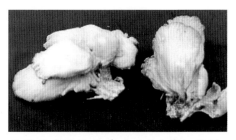

平菇子实体枝孢霉病症状（菌柄腐烂，子实体黄化）

病原菌枝孢霉（*Cladosporium* sp.）。

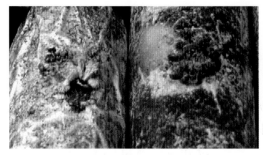 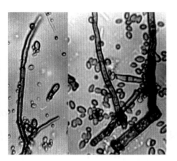

平菇菌筒和子实体枝孢霉病（幼菇萎蔫死亡）　　枝孢霉分生孢子梗和分生孢子

分生孢子梗暗色，不分枝或上部分枝；分生孢子单生或呈短链状串生，暗色，0~3 个横隔，形状和大小不一，卵圆形、圆柱形或不规则。

（6）金针菇拟青霉病

金针菇拟青霉病又称金针菇基腐病、蓝霉病、灰霉病。发病初期在子实体基部出现水渍状的小斑，后逐渐扩大，病部颜色加深，最后病菇菌柄基部变黑腐烂。子实体发病时往往成丛发生，腐烂后子实体倒伏。幼菇发病严重时整丛变黑腐烂。

金针菇拟青霉病症状

金针菇拟青霉病（基腐）

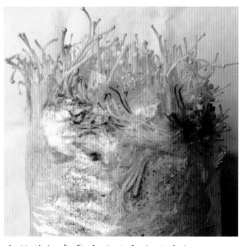

金针菇拟青霉病（子实体黑腐）

（7）杏鲍菇拟青霉病

杏鲍菇拟青霉病又称杏鲍菇基腐病。子实体菌柄基部变黑腐烂，腐烂部逐渐向上扩展，最后全部子实体变黑腐烂，畸形。腐烂的菌组织呈现淡绿色霉层，后转为土黄或浅红色霉层。

病原菌为拟青霉属（*Paecilomyces*）的一类菌。菌丝白色，透明，有隔。分生孢子梗自气生菌丝或菌丝索生出。分生孢子梗有较分散的帚状分枝，小梗（产孢细胞）瓶状、细长；分生孢子短柱形、长椭圆形，光滑，串生成链状。

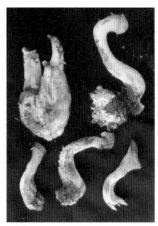

杏鲍菇拟青霉病（基腐和子实体 萎蔫）

杏鲍菇拟青霉病症状类 型（腐烂和畸形）

拟青霉分生孢子 梗和分生孢子

2. 发生规律

该类病菌广泛分布土壤、植物残体、培养料中。气流、昆虫、螨类和人工操作可传播病菌，能寄生于植物和其他真菌上。温度20℃以上、空气相对湿度90%以上和通气不良的环境条件，有利病菌生长、繁殖和侵染。

3. 防治措施

①保持良好卫生环境：种植前对菇房、菇架要严格消毒；及时清除病菇死菇和发病菌筒，搞好菇房内外环境卫生。

②消除初侵染菌源：病菌存活于土壤和有机质中，栽菇前应要做好基质和覆土的消毒。

③切断病菌传播途径：消灭栽培环境中的害虫和害螨，操作人员严格执行无菌操作。

④改善栽培环境条件：出菇期加强栽培场所的通风，降低空气相对湿度和温度。地栽菇要注意掀膜通风，降低薄膜内湿度。

（七）斑点病

尾孢、拟尾孢、拟盘多毛孢、黑团孢等病菌主要侵染食用菌子实体，引起斑点病。尾孢、拟尾孢引起的病害俗称褐斑病，病菌寄生食用菌菌盖引起褐色斑点。拟盘多毛孢病俗称黑斑病、灰斑病。子实体菌盖产生黑褐色不规则的病斑。黑团霉病食用菌菌盖上产生圆形黑色病斑。

1. 病害实例

（1）蘑菇尾孢霉病

蘑菇尾孢霉病俗称蘑菇褐斑病。病菌寄生蘑菇菌盖，引起斑点，病斑由最初的浅褐色变成黑褐色，斑点逐渐扩大形成不规则形。

病原菌为尾孢（*Cercospora* sp.）。分生孢子梗顶端着生分生孢子，分生孢子无色，长蠕虫形，直；分生孢子梗不分枝，丛生于子座组织上。引起蘑菇褐斑病。

蘑菇尾孢霉病症状

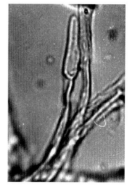

尾孢分生孢子梗和分生孢子

（2）香菇拟尾孢霉病

香菇拟尾孢霉病俗称香菇褐斑病。病菌寄生于香菇菌盖，病斑初期为黄色，后渐变成褐色，病斑上产生褐色小粒点。

病原菌为拟尾孢（*Eriocercospora* sp.）。分生孢子梗浅褐色，分生孢子痕在分生孢子梗的侧面；分生孢子（合轴孢子）多个细胞，浅褐色，梭形，近圆柱状。

香菇拟尾孢霉病症状

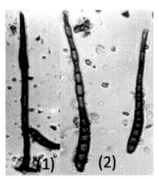

拟尾孢分生孢子梗上着
生分生孢子（1）和分生
孢子形态（2）

（3）杏鲍菇拟盘多毛孢病

菌筒和菌袋受侵染，病原菌初期在培养料上形成白色菌丝体，后期产生坚硬的细小黑色颗粒。子实体受侵染，初期菌盖产生黑褐色不规则状的病斑，病斑上产生灰白色霉层，后期病斑上形成坚硬的黑色粒点，子实体萎缩腐烂。

杏鲍菇菌筒拟盘多毛孢病

杏鲍菇子实体拟盘多毛孢病

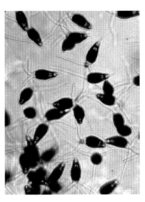

拟盘多毛孢分生孢子

病原菌为拟盘多毛孢（*Pestalotiopsis* sp.）。分生孢子盘盘状，暗色，近表生；分生孢子梗短，简单；分生孢子纺锤形，5 个细胞，两端细胞无色，中间 3 个细胞暗色，顶细胞有 2~3 根无色的附属丝。

（4）香菇黑团孢病

病菌侵染香菇菌盖，形成黄点状病斑，病斑逐渐变黑并产生黑色稍隆起物（分生孢子座）。

病原菌为亚黑团孢（*Periconiella* sp.）。分生孢子梗暗色，向上部分分枝，产生造孢细胞和分生孢子；分生孢子单胞，暗色，卵圆形或长圆形。

香菇黑团孢病症状　　　　　　　　　　　亚黑团孢分生孢子梗

2. 发生规律

上述病菌存活于土壤、培养料，有机质和废弃病菇残体。可通过空气、土壤昆虫和培养料传播。

3. 防治措施

①卫生防御：搞好环境清洁卫生，培养料要彻底灭菌，接种时要注意无菌操作，防止菌袋破损污染。

②环境控制：降低菇房空气相对湿度，子实体成熟后适时采收。

（八）蛛网病

葡枝霉、节丛孢、指孢霉、毁丝霉等病菌侵染食用菌菇床或菌筒，在菇床的覆土和培养料表面、菌筒培养料表面覆盖一层白色棉絮状菌丝层，菌丝体包围食用菌菌柄基部引起湿腐、软腐、萎蔫、干腐。这类病害俗称蛛网病、蛛网霉病、菌被病、霜霉病。

1. 病害实例

（1）香菇葡枝霉病

地栽香菇的菌床覆土表面铺满浓密的白色气生菌丝。香菇菌丝生长受抑制导致不出菇或出菇量少。子实体的菌柄和菌褶受侵染，菌褶组织变褐腐烂，菌柄基部呈水渍状软腐。

香菇葡枝霉病（菇床菌被和子实体变褐腐烂）　　香菇葡枝霉病（菌柄和菌褶变褐腐烂）

（2）平菇葡枝霉病

平菇的菌床覆土表面被浓密的白色气生菌丝覆盖，平菇菌丝生长受抑制，菇床不出菇或出菇量少。子实体菌柄和菌褶也覆盖菌丝，菌柄基部呈水渍状软腐，稍碰动即倒伏。

病原菌为葡枝霉属（*Cladobotryum*）。分生孢子梗直立，无色，常从气生菌丝上长出；分枝不规则或呈轮枝状，端生小梗群；小梗轮生，向顶渐尖。分生孢子无色，大多双胞，有时单胞，卵圆形或长圆形。常见种为树状葡枝霉（*Cladobotryum dendroides*）。

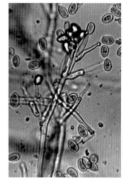

平菇葡枝霉病的菇床和子实体症状

葡枝霉分生孢子梗和分生孢子

（3）毛木耳节丛孢病

毛木耳节丛孢病俗称毛木耳萎缩病。病菌侵染毛木耳培养料和子实体原基，在培养料表面覆盖一层白色的霉状物。受侵染的子实体萎缩。

（4）茶薪菇节丛孢病

茶薪菇节丛孢病俗称茶薪菇萎缩病。在菌袋及茶薪菇子实体上长出白色的霉层，子实体萎缩干枯。

毛木耳节丛孢病

茶薪菇节丛孢病

（5）平菇节丛孢病

平菇节丛孢病俗称平菇蛛网病。平菇的菌床上长出白色的气生菌丝，并蔓延到平菇子实体上，覆盖整个子实体并引起腐烂。

病原菌为节丛孢（*Arthrobotrys* sp.）。分生孢子梗细长、简单、有分隔、无色，分生孢子着生部位略膨大成节状，上生钉状小轴，分生孢子簇生于分生孢子梗的钉状小轴上。分生孢子无色，通常双胞，卵形到长圆形。

  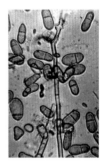

平菇节丛孢病菌床症状　　　　　节丛孢分生孢子　节丛孢分生孢
　　　　　　　　　　　　　　　着生状态　　　　子形状

（6）毛木耳指孢霉病

毛木耳菌筒表面产生白色絮状菌网或菌被，毛木耳子实体受害后停止生长并形成僵耳，表面覆盖一层白色的霉层。

（7）平菇隔指孢霉病

地栽平菇的畦面上形成一层灰白色绒毛状霉斑，逐渐扩展蔓延，严重时可覆盖整个菇床或畦面。平菇菌丝体受感染后停止生长，最后死亡腐烂。子实体受害停止生长，畸形和淡褐色软腐，表面覆有蛛网状白霉。

毛木耳指孢霉病症状　　　　　平菇指孢霉病菌床和子实体症状

病原菌为树状指孢霉（*Dactylium dendroides*）。病原菌丝白色，气生菌丝生长旺盛致密，棉絮状；分生孢子梗从气生菌丝上直接长出，细长，稀疏；分生孢子小梗呈轮状分枝，顶端尖细，其上单生或聚生 1~3 个分生孢子；分生孢子无色或呈淡黄色，长卵形或梨形，大小为 5~20 微米。

 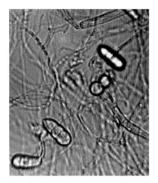

指孢霉分生孢子梗　　　指孢霉分生孢子和菌丝

（8）平菇毁丝霉病

在菌筒内白色菌丝覆盖培养料表面形成一层白色、絮状菌丝层，病菌菌丝在培养料扩展蔓延，抑制食用菌子实体生长。

（9）金针菇毁丝霉病

出菇期病菌侵染子实体，在菌柄和菌盖表面形成褐色、近圆形或不规则形斑点。

 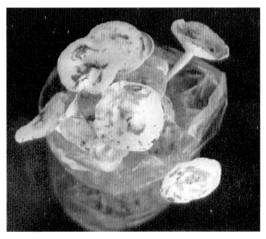

平菇毁丝霉病菌筒症状　　　　金针菇毁丝霉病症状

病原菌为黄毁丝霉（*Myceliophthora lutea*）。分生孢梗似营养菌丝，不规则分枝，无色。分生孢子无色，单胞，球形到卵圆形或长椭圆形，串生并形成分枝链。

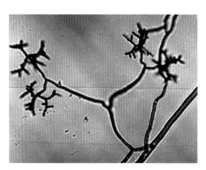

毁丝霉分生孢子梗

毁丝霉分生孢子着生状态

毁丝霉分生孢子链

2. 发生规律

病菌存活于土壤、植物残体及有机物质上。通过空气、覆土及人为操作传播。病害发生的适宜温度为 20~25℃，高湿度和菇床含水过多易发病。利用蔬菜苗床或肥沃菜园土栽培食用菌的菇床，易发生此类病害。

3. 防治措施

①卫生预防：菇床土壤和培养料消毒。栽培前菇床土壤和培养料施用二氧化氯或二氯异氰尿酸，然后覆盖薄膜进行熏蒸消毒。

②强化管理：控制好培养料含水量，防止培养料过湿。出菇期间控制用水量和湿度，干湿交替地进行水分管理，加强通风换气。

③勤查早治：播种后要勤检查，发现病害要及时清除发病菌筒和发病中心，发病菌床停止喷水 1~2 天，用 40% 噻菌灵可湿性粉剂 500~800 倍液或 45% 多菌灵可湿性粉剂 500~600 倍液喷施。

（九）菇床霉病

菇床霉病主要类型有白色石膏霉病、褐色石膏霉、毛壳霉病和白粒霉病。白色石膏霉病在料面上出现白色石膏状的粉状物，最后变成桃红色粉状颗粒；褐色石膏霉在培养料上形成肉桂色或褐色石膏状粉末层；毛壳霉病在培养料表面及内部出现褐色或橄榄绿色霉层；白粒霉病又名鱼子菌病，在培养料上产生白色霉层，霉层上密布鱼子状乳白色或黄白色小颗粒。

1. 病害实例

（1）蘑菇白色石膏霉病

石膏霉病又名粪生帚霉、粪生梨孢帚霉、臭霉菌、面粉菌、臭菇、白皮菇，是草腐菌和覆土栽培类食用菌的常见病害。蘑菇白色石膏霉病发病期主要在菇床播种后，在培养料表面出现绵毛状菌丝形成的圆形菌斑，大小不一，白色。几天后，绵毛状的菌斑转变成白色革质状物，后期变成白色石膏状的粉状物，最后变成桃红色粉状颗粒。病原菌的菌丝会抑制蘑菇菌丝生长，病菇床不能出菇。

病原菌为粪生梨孢帚霉（*Scopulariopsis fimicola*），菌丝白色、有分枝、分隔。分生孢子梗短，大多分枝，顶生簇生瓶梗，瓶梗顶端串生短链的分生孢子。分生孢子卵形至球形，略有疣状突起，基部平切，脱落后瓶梗顶端留有环痕。成堆的孢子呈粉红或桃红色。

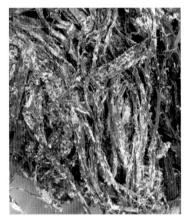
蘑菇菌床白色石膏霉病

蘑菇菌床白色石膏霉病

粪生梨孢帚霉

（2）草菇褐色石膏霉病

发病初期菌床上出现稠密的白色菌丝体，不久由于菌核状细胞球的形成而变成肉桂褐色粉末。该菌可抑制食用菌菌丝的生长，推迟出菇时间，发生量大时食用菌的产量会受到影响。

病原菌为黄丝葚霉（*Papulospora*

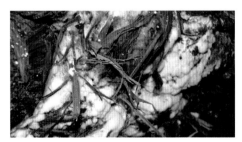
草菇菌床褐色石膏霉病.

byssina）。菌丝初期白色，渐变褐色，有锁状联合。不产生分生孢子，以菌丝段裂或以稠密的球形菌核状暗色细胞团进行繁殖。

（3）蘑菇毛壳霉病

蘑菇菇床覆土层、培养料表面及内部出现灰色绒状菌丝，随后形成白色小颗粒，后期转为褐色或绿色。毛壳菌能直接抑制蘑菇菌丝的生长，培养料变黑腐烂，被害的培养料发出一种阴湿臭或霉臭的气味。严重发生时使培养料变质，导致不出菇或严重减产。

蘑菇培养料上的毛壳菌产生的小颗粒（前期）

蘑菇培养料上的毛壳菌菌丝

蘑菇培养料上的毛壳菌产生的小颗粒（后期）

病原菌为毛壳菌属（*Chaetomium*）的一些种。菌丝淡灰色，早期不明显，子囊壳表生，球形、卵形、桶形等，绿色或褐色，膜质，四周有毛。子囊棍棒形，有柄，内含 8 个孢子，子囊孢子柠檬形，黄褐色、暗褐色至橄榄绿。为害蘑菇的常见种有橄榄绿毛壳菌（*C. olivaceum*）和嗜热毛壳菌（*C. thermophile*）。

（4）蘑菇菇床白粒霉病

白粒霉病俗称鱼子菌。病菌侵染菌床上的培养料，在料内散生一些形如鱼卵的小颗粒，圆球形，乳白色至黄白色，表面光滑、较硬，不成块状或团状。该菌不仅与食用菌争夺营养，还分泌毒素，发生鱼子菌的菇床，蘑菇菌丝生长差，不出菇或少出菇。

病原菌为堆肥小粒霉（*Aphanascus composticus*）。闭囊果圆形，初为白色，继而变黄褐，破裂后放出子囊孢子，子囊孢子单胞，圆形，有刺。

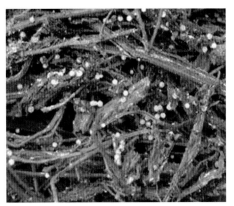

蘑菇培养料上的密集着生的鱼子菌　　　蘑菇培养料上鱼子菌闭囊壳形状

2. 发生规律

石膏菌是一种常见的土生霉菌，主要生长在土壤和植物残体上。通过空气、覆土及人为操作传播。培养料发酵不良（堆温太低、未腐熟）、含水量过高、酸碱度过高（pH 8.2 以上）的条件下有利于病菌生长、侵染和繁殖。

毛壳菌广泛存在于土壤、植物残体上。靠空气、培养料、覆土传播。毛壳菌分解纤维素的能力很强，栽培食用菌的培养料都适合它的生长，在温度高、湿度大的开放式栽培环境下，极易发生毛壳菌的危害。

鱼子菌为粪草料内常见杂菌，在培养料发酵不良、湿度过大、酸性较高时较易发生。

3. 防治措施

①优化栽培环境：及时处理废料，菇房和培养设施要严格消毒。培养料上床

后要加强菇房通风，降低菇房的湿度。

②精心制备培养料：一是调节培养料内合适碳氮比、含水量和酸碱度。防止氮素含量过高，特别是麸皮或米糠的用量不能过多。避免培养料过湿造成培养料氧气不足。适宜酸碱度为 pH 7.5~8.0。二是培养料严格高温堆制和二次发酵。堆肥不宜太厚（不高于 20 厘米），后发酵前期温度不超 65℃，中期不超 60℃，并注意通风换气，防止厌氧发酵。三是培养料堆制完毕后，要待氨气散发后，培养料再进菇房。

③发病菇床应急防治：出菇前的菌床发病初期，清除发病中心并停止喷水 1~2 天，菇床表面用 40% 噻菌灵可湿性粉剂 500~800 倍液或 45% 咪鲜胺锰盐可湿性粉剂 800~1000 倍液喷施。

（十）疣孢霉病

疣孢霉病又称湿泡病、白腐病、褐腐病、水泡病、褐痘病，是蘑菇上的一种重要病害，草菇、平菇、灵芝也可发生此病。受侵染的食用菌原基变成白色柔软菌丝体球，后从内部渗出褐色液体。成熟子实体受侵染后出现菌丝体毡被，畸形和出现小菌盖。

1. 病害实例

蘑菇疣孢霉病

该病原只侵染子实体，病害显症期在菇床出菇期，蘑菇子实体群体发生病害。子实体不同时期发病症状不同。蘑菇原基受害后，不能继续分化成子实体，产生团块状菌组织，这些畸形菌组织称为"硬皮马勃状团块"或称"菇疱"。幼菇受侵害后，生长受抑制，形成小菇和畸形菇，在菌盖、菌柄产生瘤状突起的组织，或者没有菌盖与菌柄的分化。成菇期被感染，子实体菌褶和菌柄下部

菇床上蘑菇疣孢霉病症状（畸形和菌柄裂皮）

菇床上蘑菇疣孢霉病症状

菇床上蘑菇疣孢霉病症状（病菇分泌褐色液滴）

蘑菇疣孢霉病症状（硬皮马勃状团块）

蘑菇疣孢霉病症状（子实体停止生长、畸形）

蘑菇疣孢霉病症状（菌盖形成褐色条纹、开裂、畸形）

长满白色絮状的菌丝，有时白色菌被可包住整个菌盖与菌柄，有的菌柄开裂和菇盖萎缩畸形，病菇表面分泌黄褐色的液滴。成熟子实体仅在菌柄基部发病，病部形成褐色斑纹，覆盖白色绒毛状菌丝。菇床被侵染后，病菇如果没有及时处理，病害会迅速扩展蔓延，重病菇腐烂死亡，菇房通风不良时会产生恶臭。

病原菌为疣孢霉（*Mycogone perniciosa*）。菌落于 PSA 平板上，气生菌丝生长速度快、浓密，产孢后菌落呈褐色。分生孢子梗短，通常无色，侧生。孢子两型，即厚垣孢子和分生孢子。厚垣孢子顶生、暗色球形具两细胞；顶端细胞大且具粗糙的壁，常饰以短刺状突起，大小为（11.7~23.3）微米 ×（9.8~14.7）微米；下方一个呈半球形或杯状，壁平滑、无色，大小为（11.7~22.0）微米 ×（11.0~14.7）微米。分生孢子较小，椭圆形，单细胞，生在轮枝菌型分生孢子梗的顶端，大小为（9.8~14.7 微米）×（4.9~7.4）微米。

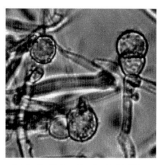

疣孢霉厚垣孢子及菌丝

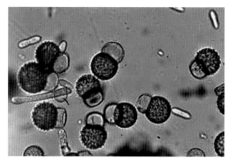

疣孢霉厚垣孢子（大、双细胞）和
分生孢子（小、单细胞、长椭圆形）

2. 发生规律

疣孢霉是一种土壤真菌，蘑菇栽培中疣孢霉主要是随覆土传入菇床。菇床发

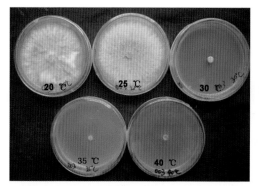

温度对疣孢霉生长的影响

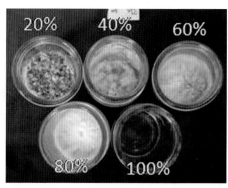

培养基含水量对疣孢霉生长的影响

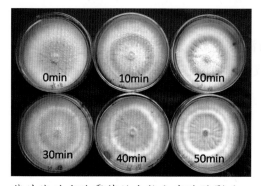

紫外线对疣孢霉菌丝生长和产孢的影响

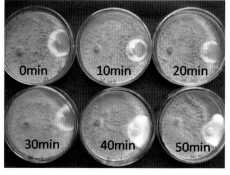

紫外线对疣孢霉致病性影响（疣孢霉
菌落为褐色，蘑菇菌落为白色）

病后病菌可通过空气、采摘、昆虫、喷水传播。疣孢霉病多发生在高温高湿通风换气不良的菇房。试验表明疣孢霉适宜生长温度为 20~25℃，温度低于 10℃，高于 32℃很少发病，土壤及堆肥中的孢子在 55℃经 4 小时，62℃经 2 小时死亡。适宜生长的培养基含水量 60%~80%。抗紫外线试验结果表明：紫外灯处理对疣孢霉的菌落形态、菌丝生长和产孢量有一定影响；疣孢霉菌经紫外灯照射处理 10~30 分钟不影响对蘑菇侵染力，处理 40 分钟以上会降低疣孢霉菌的致病性。

3. 防治措施

①搞好栽培场所的清洁卫生：栽培前搞好菇房内外的清洁卫生，菇房四周及地面、床架可用二氯异氰尿酸粉剂或三氯异氰尿酸粉剂 600~800 倍液喷洒消毒。菇房门窗要钉上细纱网，防止害虫潜入。

②覆土要经过严格消毒：覆土消毒处理是防治疣孢霉的关键。首先是要选择在未被污染的地方取土，取土时弃除表层土 20 厘米以上。消毒处理有暴晒处理、药剂处理和蒸汽消毒等 3 种。暴晒处理，可将取回的土壤置于水泥坪或其他洁净的地方，覆盖薄膜后于阳光下暴晒 3~5 天，可达到杀菌的目的。药剂处理，准备用于覆土的土壤在使用前，可选用 40% 噻菌灵可湿性粉剂、40% 咪鲜胺锰盐可湿性粉剂、二氯异氰尿酸粉剂或三氯异氰尿酸粉剂 800~1000 倍液喷洒，一般每 100 米^2 的用土需用药液 50 千克，喷药均匀；喷后用薄膜盖闷 12~24 小时，然后打开透气，让药液挥发 1~2 天后上床覆盖。蒸汽消毒，连同菇房的二次发酵，将覆土进行热力灭菌，采用 65℃保温 2~4 小时，可达到灭菌目的。

③抓好病害早期防治：菇床一旦发生该病害应立即停止喷水，加大菇房通风，并降低土层和菇房的温度至 15℃以下。清除病菇连同附近 10 厘米的覆土，将病菇及带菌培养料运送到远离菇房的地方深埋，病圈撒上石灰或喷施杀菌剂封锁。发病菇房选用 40% 噻菌灵可湿性粉剂或 40% 咪鲜胺锰盐可湿性粉剂 800~1000 倍液全面喷施预防，每隔 7~8 天喷 1 次，连续 2~3 次。

（十一）菌床（菌筒）杂菇病

在食用菌的菇床上长出其他担子菌或子囊菌的大型子实体。菌床杂菇有炭角菌、裂褶菌、卧孔菌、胡桃肉状菌、碗菌、干朽菌、鬼伞等。这些杂菇通常在食用菌菇床上大量生长，竞争性极强，能快速消耗培养料的营养，完全抑制食用菌菌丝和子实体生长。

1. 病害实例

（1）鸡腿蘑炭角菌病

受侵染的鸡腿蘑菇床长出炭角菌子座。子座丛生或簇生，灰褐色或黄褐色，有较长的柄，柄上部呈叉状或鸡爪状分叉，菇农俗称"鸡爪菇"。在鸡腿蘑生产上一般在长第二潮菇后出现炭角菌子座，凡长炭角菌子座的地方，鸡腿蘑菌丝逐步消退，不能再出菇。

病原菌为叉状炭角菌（*Xylaria furcata*）。子座呈灰褐色至黄褐色，内部近白色，实心，近木质，干后坚韧，不易折断。子座柄长、顶部有1~3个分叉；多个子座的柄可以相互粘连并深入土壤中，形成根状柄。子囊壳埋生于子座内。

叉状炭角菌的子座形状

鸡腿蘑菌床上长出的叉状炭角菌的子座

（2）蘑菇菌床裂褶菌病

裂褶菌是段木栽培香菇、木耳时常见的大型杂菌，以木屑为培养料的代料栽培中也常有发生，危害性较大。裂褶菌菌丝在蘑菇菌床培养料及菌床边缘的竹架上生长，与蘑菇菌丝争夺营养并抑制蘑菇菌丝生长。后期在菌床上和床架上长出裂褶菌的子实体。

蘑菇菌床裂褶菌病　　　　　裂褶菌子实体正反面观　　　地栽香菇菌床裂褶菌病

（3）香菇菌筒裂褶菌病

裂褶菌侵染地栽香菇菌筒，在覆土表面长出裂褶菌子实体。香菇菌筒受侵染后香菇菌丝生长被抑制，在香菇菌筒的接种口或菌袋开口处长出裂褶菌子实体。

病原菌为裂褶菌（*Schizophyllum* sp.）。子实体丛生、群生或散生，无柄，呈覆瓦状。菌盖薄，革质，扇形，白色至灰白色，边缘内卷且常常瓣裂成数片。菌肉白色或肉褐色；菌褶狭窄、不等长，从基部辐射而出，菌褶边缘纵裂卷曲。

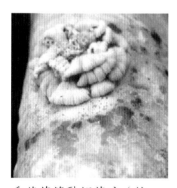

香菇菌筒裂褶菌病（接种口）　　　香菇菌筒裂褶菌病（接种口）　　　香菇菌筒裂褶菌病（袋口）

（4）猴头菌菌筒卧孔菌病

卧孔菌在完全敞开菌袋表面着生平铺的白色子实体；在未完全敞开袋口的培养料面子实体向上伸长，呈丛生状。卧孔菌菌丝与猴头菌菌丝竞争生长位点，抑制猴头菌菌丝生长。

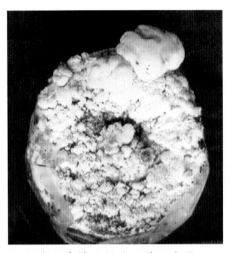

猴头菌培养料面长卧孔菌子实体　　　　猴头菌菌袋底部破口处的卧孔菌子实体

（5）鲍鱼菇菌筒卧孔菌病

卧孔菌菌丝侵占鲍鱼菇菌丝的生长位点。染病菌袋不生长鲍鱼菇子实体，在未完全敞开的袋口卧孔菌子实体向上伸长，呈丛生状。

（6）平菇菌筒卧孔菌病

卧孔菌菌丝侵占平菇生长位点，抑制平菇菌丝生长。染病菌袋不生长平菇子实体，在敞开的袋口外着生平铺的卧孔菌子实体。

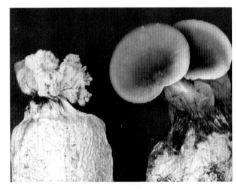

鲍鱼菇菌袋丛生卧孔菌子实体（左）与正常鲍鱼菇（右）比较　　　　平菇菌袋平铺卧孔菌子实体（左）与正常平菇（右）比较

病原菌为卧孔菌（*Poria* sp.）。子实体白色或乳黄色、铺展状，贴附于基质上，膜质。子实层不发达，管孔一般小而短，圆形至多角形。

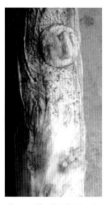

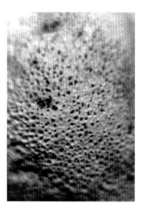

食用菌菌筒接种　食用菌菌袋培养料长出卧孔菌　卧孔菌子实体及管孔
口长出卧孔菌　　　　　　　　　　　　　　　　形状

（7）蘑菇菌床胡桃肉状菌病

胡桃肉状菌，又名假块菌、小牛脑。最初在料内、料面或覆土层产生白色或奶油色的浓密菌丝，继而形成白色菌块，菌块迅速增大形成不规则的形似胡桃肉状的菌团，表面有不规则的皱褶，菌块颜色由白转成红褐色。发生严重时，并散发出强烈的漂白粉味。发病后期菌床上的原来平坦的培养料变成起伏不平，培养料呈暗褐色、湿腐状。

病原菌为小孢德氏菌（*Diehliomyces microsporus*）菌肉致密，子囊卵状或近球形或近椭圆形，有短柄或长柄，大小（12~25）微米 ×（15~8）微米，多数含8个子囊孢子。子囊孢子球形或近球形，光滑，无色，大小（5~7）微米 ×6微米，含一油球。子囊和菌丝消解后成堆的孢子呈硫黄色。

蘑菇菌床胡桃肉状菌病　　　　　胡桃肉状菌形态

（8）蘑菇菌床地碗病

菇床播种后，培养料表面长出一颗一颗近圆形、略带肉色，绿豆粒大小至黄豆粒大小不等的子实体；子实体逐渐长大后顶端开口形成杯状或碗状，无柄，直径可达 3~6 厘米。颜色为浅褐色至土色，后期子实体边缘开裂呈花瓣状。发病菇床食用菌菌丝生长受抑，出菇少。该病是疣孢褐盘菌侵染引起的病害。

病原菌为疣孢褐盘菌（*Peziza bdlia*），形成杯状或碗状的肉质子囊盘暗褐色，直径 3~6 厘米。子囊在子囊盘内整齐排列，长棍棒状，内有 8 个子囊孢子。子囊孢子卵形，单细胞，无色。

蘑菇菌床地碗菌

（9）姬松茸菌床地碗病

该病是泡质盘菌引起的病害。地碗菌菌丝的菇床生长扩展，初期无明显的症状。随后培养料表面长出肉质近球形的子实体，成熟后顶端开口形成杯状或碗状的子囊盘。子囊盘近无柄，淡黄色至黄褐色，密生于菇床表面。

病原为泡质盘菌（*Peziza vesiculosa*）。形成的碗状或盘状的肉质子囊盘，淡黄至褐色，直径 2~10 厘米，有时可达 14 厘米。子囊在子囊盘内整齐排列，长棍棒状，内有 8 个子囊孢子。子囊孢子卵形，单细胞，无色。

姬松茸菌床地碗菌

（10）平菇菌筒干朽菌病

地栽平菇的菌筒上和覆土表面产生成片的白色至黄白色多孔状的子实体。该菌能抑制食用菌菌丝生长。

病原菌为伏果圆炷菌（*Gyrophana lacrymans*），也称干朽菌。子实体平伏，近圆形、椭圆形，有时数片连接成大片，肉质，干后近革质。子实层锈黄色、具凹坑或皱褶，子实层边缘齿状、有白色或黄色具绒毛状的不孕宽带。

地栽平菇畦面的干朽菌

（11）蘑菇菌床鬼伞病

鬼伞菌丝在蘑菇菇床培养料上生长并扩展蔓延到培养料面，消耗培养料的营养，抑制蘑菇菌丝的正常生长和子实体形成。鬼伞菌丝成熟后在培养料面上长出子实体，可看到许多灰黑色小型伞菌，菌盖小而薄。鬼伞的子实体有自溶作用，子实体自溶为墨汁状并发出恶臭。

蘑菇菇床上生长的鬼伞

（12）灵芝菌筒鬼伞病

灵芝菌筒接种口出现鬼伞。有鬼伞的菌筒上一般不长灵芝菌丝。鬼伞还常同腐生线虫混合侵染使菌筒内的培养料发黑。鬼伞子实体形成后很快溶解为墨汁状，发生恶臭。

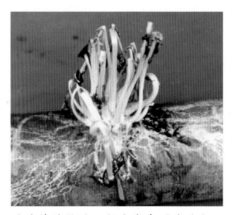

灵芝菌筒接种口长出鬼伞（自溶）　　灵芝菌筒接种口刚形成的鬼伞

（13）杏鲍菇菌筒鬼伞病

杏鲍菇菌筒接种口和膜内均可长出鬼伞。膜内鬼伞子实体平伏料面生长和自溶。有鬼伞的菌筒培养料发黑，杏鲍菇菌丝被破坏而不产生子实体。

（14）鸡腿蘑菌筒鬼伞病

鸡腿蘑菌筒接种口和膜内均可长出鬼伞。膜内鬼伞子实体平伏料面生长和自溶。有鬼伞的菌筒培养料发黑，鸡腿蘑菌丝被破坏而不产生子实体。

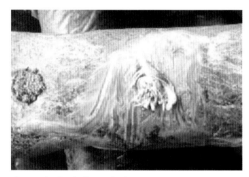

杏鲍菇菌筒中的鬼伞

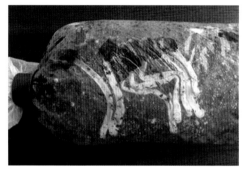

鸡腿蘑菌筒中的鬼伞

（15）草菇料堆鬼伞病

草菇的草料堆上不形成草菇子实体，而大量长出鬼伞子实体。鬼伞是对草菇危害最大的一种竞争性病原菌。鬼伞能大量消耗培养料的营养，影响草菇菌丝的正常生长，造成草菇减产，甚至绝收。

草菇培养料堆上的鬼伞

病原菌为鬼伞属（*Coprinus*）的一些种。菌盖初期呈短圆锥形或弹头状，玉白、灰白或灰黄色，表面大多有鳞片毛，柄细长，中空。老熟时菌盖展开，菌褶逐渐变色，由白色变黑，最后与菌盖自溶成墨汁状。常见的有墨汁鬼伞（*C. atramentarius*）、毛头鬼伞（*C. comatus*）、粪鬼伞（*C. sterquilinus*）、长根鬼伞（*C. macrorhizus*）等。

2. 发生规律

菌床（菌筒）杂菇有子囊菌类杂菇和担子菌类杂菇。

子囊菌类杂菇有炭角菌、胡桃肉状菌、碗菌。这类病菌主要存活在土壤中并成为菇床病害的初侵染菌源。利用未经消毒的旧菇房及其设施种菇时容易发生病害。高温高湿有利于病菌滋生和侵害。气温 20~35℃，培养料含水量 60% 以上，空气相对湿度 80% 以上，通气条件差的菇房有利病害发生。

担子菌类杂菇有裂褶菌、卧孔菌、干朽菌、鬼伞。这类病菌主要存活于培养料上，培养料带菌是主要初侵染来源。培养料含水量过低，水分搅拌不均，培养料未吃透水分，灭菌不彻底或生料床栽时培养料堆制发酵不彻底极易发生病害。

3. 防治措施

①清洁环境，卫生防御：栽培前搞好菇房内外的清洁卫生，菇房四周及地面、床架可用二氯异氰尿酸粉剂或三氯异氰尿酸粉剂 600~800 倍液喷洒消毒。旧菇房及其设施使用之前必须经过严格消毒。

②精选料土，严格消毒：首先，要选用新鲜、干燥、无霉变的培养料，使用前先经日光暴晒 2~3 天；严禁使用污染的旧培养料。生料栽培的培养料要经堆制和高温发酵，熟料栽培的培养料要灭菌彻底，选用优良菌种和适当增加接种量。其次，覆土宜选用新鲜生土并要进行消毒处理。覆土来源可选用远离菇场的稻田土壤或山地的红壤土、沙壤土，取土时要去除表土 20~30 厘米。覆土消毒可选用阳光暴晒、化学药剂处理或蒸汽热力等方法。阳光暴晒消毒，可将取回的土壤置于水泥坪或其他洁净的地方，覆盖薄膜后于阳光下暴晒 3~5 天，可达到杀菌的目的；化学药剂消毒，覆土在使用前选用 40% 噻菌灵可湿性粉剂或三氯异氰尿酸粉剂 800~1000 倍液喷洒，一般每 100 米^2 的用土需用药液 50 千克，喷药均匀，喷后用薄膜盖闷 12~24 小时，然后打开透气，让药挥发 1~2 天后使用；蒸汽热力

消毒的方法是，覆土采用 65℃保温 2~4 小时，进行热力灭菌，达到灭菌目的。

③精细栽培，科学管理：首先，科学配制培养料。控制氮源和碳源营养成分比例，防止氮素过多；培养料水分搅拌均匀，培养料含水量合适；根据不同食用菌生长对 pH 值的要求，调节培养料的酸碱度。其次，做好病害应急处理。一旦发生此病害，立即停止喷水，加大通风量；及时清除菇床上的病菌子实体和污染的菌筒，防止扩散和再侵染。

（十二）酵母菌病

酵母菌存在于多种生活环境，可危害食用菌培养基、菌丝体和子实体，引起培养基污染、菌丝萎缩或子实体变色枯萎。

1. 病害实例

（1）平菇黑酵母病

平菇黑酵母病又称平菇短梗霉病。平菇菌筒培养料染病后形成暗灰色菌丝，菌丝朝幼菇蕾蔓延并侵害，导致幼蕾变黑枯死。

病原菌为黑酵母菌（*Aureobasidium pullulans*）又名暗金黄担子菌，出芽短梗霉。菌丝不扩展，早期无色，后转为暗色，侧生茂盛的分生孢子。分生孢子暗色、单胞、卵圆形，芽殖产生新的分生孢子。

平菇黑酵母病症状（幼菇蕾变黑枯死）

黑酵母菌丝和分生孢子形态

（2）杏鲍菇假丝酵母病

杏鲍菇假丝酵母病又称杏鲍菇白霉病。杏鲍菇的菌柄和菌盖变黄褐色，发病部位长出一层白色絮状菌丝。

病原菌为假丝酵母（*Candida* sp.）。在 PSA 培养基上菌落初呈白色后渐变为粉红色，菌落不扩展；分生孢子无色、单胞，卵圆形到纺锤形；分生孢子芽殖形成短链状假丝菌，有的分生孢子可顶生或侧生在假菌丝上。

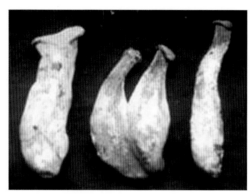 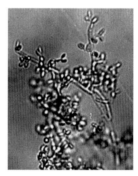

杏鲍菇假丝酵母病症状 　　　假丝酵母菌孢子和
　　　　　　　　　　　　　　假菌丝形态

（3）母种酵母菌病

母种培养基被酵母菌污染，母种培养基上长满了白色的酵母菌菌落。

病原菌为酵母菌（*Saccharomyces* sp.）。菌落乳白色、有光泽、较平坦、边缘整齐。营养细胞圆形、卵形或长圆形，多边出芽产生孢子。

 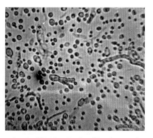

母种酵母菌病症状 　　　酵母菌孢子和芽殖状态

2. 发生规律

酵母菌腐生性强或弱寄生，生存于多种生活环境，存活于土壤、培养料和各类有机质中，孢子可通过空气传播。

3. 防治措施

搞好环境清洁卫生，加强菇房通气，培养料要彻底灭菌，防止菌袋破损污染。子实体适时采收和防止受伤。

（十三）黏菌病

黏菌可为害香菇、平菇、茶薪菇、毛木耳等多种食用菌，在菌床、菌筒的培养料、覆土层表面，子实体、菇房地面、菌床架等物体表面，形成黏滞状、白色或黄色、块状或网状的变形体，后期变为黑色、灰黑色、褐色，团块状、片状、杯状、柱状的子实体。

1. 病害实例

（1）竹荪发网菌病

竹荪菌畦受侵染，初期在培养料及覆土的空隙间和表面生长白色网状或片状原质团，数天后变成粉红色，后期长出褐色至黑褐色孢囊（子实体）。黏菌能侵噬竹荪的菌丝和子实体，黏菌侵染的菌畦不能长竹荪子实体；子实体原基分化期受黏菌侵染后，黏菌菌体和土粒混合包裹竹荪菌组织，原基不能分化而形成"菇疱"；竹荪子实体受侵染时黏变形体黏附在竹荪子实体上，导致竹荪子实体变黑腐烂。

竹荪菌畦培养料上的发网菌

竹荪菌畦出菇期的发网菌

竹荪培养料上的发网
菌孢囊

竹荪培养料上的发网菌变
形体

竹荪畦土表面的发网菌变形
体（白色）和孢囊群（褐色）

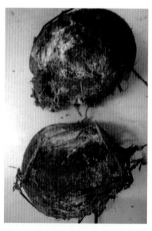

发网菌侵染的竹荪形成
畸形菌蕾（菇疤）

竹荪菌蕾上的发网菌黏
变形体

竹荪菌蕾上的发网菌黏
变形体

病原菌为发网菌属（*Stemonitis*）的一些种，这是黏菌中最常见的种类。其变形体呈不规则网状，能借助体形的改变在物体表面缓慢爬行；变形体爬到干燥光亮处繁殖，形成很多发状突起的具柄孢囊。

发网菌囊轴和表面网

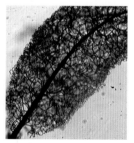

发网菌的孢囊

孢囊为圆柱形，孢囊柄伸入囊内的部分称囊轴，孢丝联着囊轴并形成立体状表面网，孢网内形成孢子堆。孢子萌发产生黏变形体和游动细胞，游动细胞经质配形成接合子，产生原生质团。成熟的原生质团中的许多核进行减数分裂，原生质团割裂再次形成孢囊和孢子。表面网是发网菌的主要和特有特征。经鉴定侵染竹荪的发网菌有草生发网菌（*S. herbatica*）、刺发网菌（*S. flavogenita*）和黑发网菌（*S. nigrescens*）。

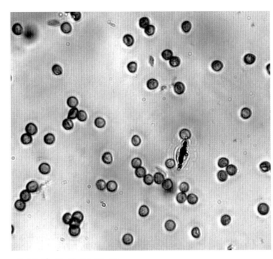

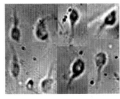

发网菌的游动孢子

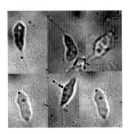

发网菌的接合子

发网菌的休眠孢子

草生发网菌孢囊群生，圆柱形，直立，顶端钝圆，全高 3 毫米左右，黄褐色，柄黑色约为全高的 1/3。囊轴近达囊顶或在囊顶下面分散。孢丝弯曲，末端分枝并联结成表面网。表面网色浅，网孔小，平整。孢子球形或近球形，有微小疣点，直径 5~8 微米。原生质团白色至淡黄色。

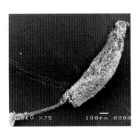

草生发网菌孢囊（电镜照片）

草生发网菌孢囊（光学显微照片）

草生发网菌表面网（电镜照片）

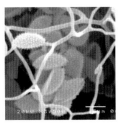

草生发网菌孢子和孢丝（电镜照片）

刺发网菌孢囊丛生，细长圆柱形，顶端钝圆，浅褐色，全高4毫米左右；柄暗褐色约为全高的1/3，囊轴直达囊顶；表面网色浅，不平整，密布刺疣。孢子球形或近球形，直径9~11微米。

  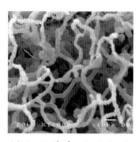 

刺发网菌孢囊（电镜照片）　刺发网菌孢囊（光学显微照片）　刺发网菌表面网和孢丝（电镜照片）　刺发网菌孢子堆（电镜照片）

黑发网菌孢子囊群生，圆柱形，顶端钝圆，直立，全高2毫米左右，黑褐色；柄黑色，约为全高的1/4。表面网致密，网孔小。孢子球形或近球形，有微小疣点，直径8~11微米。

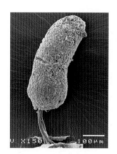  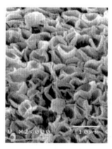 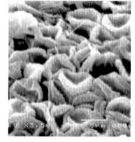

黑发网菌孢囊（电镜照片）　黑发网菌孢囊（光学显微照片）　黑发网菌和表面网（电镜照片）　黑发网菌孢子堆（电镜照片）

（2）香菇发网菌病

香菇菌筒受发网菌侵染，初期在培养料和香菇子实体表面生长白色网状或片状原质团，数天后变成黄褐色粉状，后期长出成丛的黑褐色长筒形孢囊（子实体）。培养料受黏菌侵染的菇床不能长香菇子实体；子实体受黏菌侵染后在菌盖上长出成丛的黏菌孢囊。

病原菌为发网菌（*Stemonitis* sp.）。

香菇菌筒和子实体发网菌病症状

（3）毛木耳发网菌病

毛木耳子实体受发网菌侵染，初期在子实体表面生长白色网状原质团，数天后变成黄色，后期在子实体上长出成丛的灰褐色长筒形孢囊（子实体）。

病原菌为发网菌（*Stemonitis* sp.）。

毛木耳子实体发网菌孢囊

毛木耳子实体发网菌原质团

（4）香菇煤绒菌病

煤绒菌为害香菇菌筒，特别是反季节栽培香菇受害较重。黏菌原质团发生在食用菌菌筒上、菇床架子上、覆盖的塑料上、地面等地方。原质团很快产生孢子和复囊体。复囊体呈垫状，表面呈绒状、淡红色，下层为囊被，孢子堆包裹在囊被内，孢子堆黑色。黏菌污染香菇的培养料，与香菇竞争空间和营养，围食香菇的菌丝。菌筒受害后不出菇，最终出现烂筒。

病原菌为腐烂煤绒菌（*Fuligo septica*）。复孢囊呈垫状，灰白色或暗红色，囊被海绵状、易脱落。孢丝

香菇菌筒煤绒菌复囊体

无色，细线状，与灰色的石灰质相连接。孢子浅褐色，孢子堆黑色。原生质团黄色。

（5）毛木耳煤绒菌病

毛木耳的菌袋或子实体上初期出现淡黄色、黏滞、团粒状的原质团，后期形成垫状复囊体。复囊体白色，表面覆盖白色石灰质，石灰质层下为黑色孢子堆。受害菌袋培养料发黑，出现烂筒，菌袋不出菇。子实体受害后腐烂。菇房内的地面、菇架、塑料薄膜上都会出现这种黏菌。

病原菌为腐烂煤绒菌（*Fuligo septica*）。

毛木耳子实体上的煤绒菌复囊体

毛木耳子实体上的煤绒菌原质团

（6）平菇煤绒菌病

平菇的菌袋培养料上长出垫状复囊体。复囊体表面覆盖白色石灰质层，下层为囊被，囊被包裹黑色孢子堆。受害菌袋子实体腐烂，培养料表面呈潮湿状、不

出菇。菇棚内的地面、菇架表面和菌袋表面都会有黏菌。

病原菌为腐烂煤绒菌（*Fuligo septica*）。

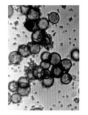
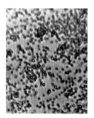

平菇菌袋煤　　平菇菌袋煤绒
绒黏菌孢子　　黏菌石灰质

平菇菌袋煤绒黏菌复囊体　　　　　　　平菇菌袋煤绒黏菌包被

（7）茶薪菇高杯黏菌病

茶薪菇的菌袋上长出黄色的黏糊的网状原质团，会变形运动，发展迅速。数天后网状体消失长出孢囊。孢囊群生，黄色，杯状，有柄。3～5天后子实体消失。

茶薪菇高杯黏菌孢囊群生状态

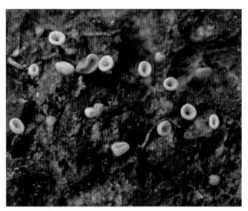
茶薪菇高杯黏菌孢囊形状

茶薪菇高杯黏菌原质团

黏菌发生严重的菌袋不能出菇；发病较轻的菌袋还可生长茶薪菇子实体，但对产量有一定的影响。

病原菌为黄高杯菌（*Craterium aureum*）。孢囊群生，黄绿色，杯体鸭梨形或倒卵圆形；柄黄褐色，原生质团黄色。

2. 发生规律

黏菌在自然界中分布广泛，生长在阴湿环境中的腐木、枯草、落叶、青苔及土壤上，由孢子和变形体通过空气、培养料、覆土、昆虫及变形体的自身蠕动进行传播。黏菌适宜生长在有机质丰富、环境潮湿且比较阴暗的地方。培养料含水量偏高、菇房（棚）通气不良、气温较高，有利黏菌孢子的萌发与生长。

3. 防治措施

①卫生防御：种植前和采收后及时搞好菇房及其他栽培场所的清洁卫生和消毒工作。

②生态调控：控制好培养料的含水量，加强菇房或栽培场所的通风透光条件，避免长期处于阴湿状态。

③及时防治：菇房出现黏菌时要及时铲除，控制喷水。菇床、地栽菇畦面可用40%噻菌灵可湿性粉剂1000~1500倍液喷施；地表、菇架和菌筒菌袋表面用二氯异氰尿酸或三氯异氰尿酸800~1000倍液，或用波尔多液（生石灰：硫酸铜：水=1：1：100）喷洒消毒。

（十四）细菌性褐斑病

细菌性褐斑病又称细菌性斑点病、细菌性凹点病、细菌性麻脸病、细菌性锈斑病。病菌侵染食用菌子实体，在菌盖、菌褶、菌柄表面散生褐色病斑。

1. 病害实例

（1）蘑菇细菌性褐斑病

蘑菇菌盖表面产生浅褐色至暗褐色病斑，病斑边缘整齐、中间凹陷，发病严重的蘑菇可能畸形，有的菇柄变短。菌柄也会产生纵向的凹斑。菌盖上水分凝集部分更容易发生病斑。

病原菌为托拉斯假单胞杆菌（*Pseudomonas tolasii*）。营养琼脂培养基上菌落圆形，隆起，灰白色。菌体为单细胞杆状，直或弯，端生鞭毛，1至多根；革兰染色阴性。

蘑菇细菌性褐斑病菇床症状

蘑菇细菌性斑点病斑点形状

蘑菇细菌性褐斑病症状

托拉斯假单胞杆菌菌苔形状

（2）香菇细菌性褐斑病

被病菌侵染的菌盖产生不规则黑褐色的病斑，常数个合成大病斑，严重时菌盖整片呈黑褐色。香菇菌褶上产生褐色的病斑，病斑沿菌褶扩展变成条状黄褐色斑。

病原菌为假单胞杆菌（*Pseudomonas* sp.）。

香菇细菌性褐斑病菌盖病斑

假单胞杆菌菌苔形状

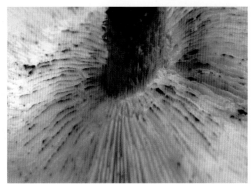

香菇细菌性褐斑病菌褶和菌柄病斑

香菇细菌性褐斑病菌褶病斑

（3）平菇细菌性褐斑病

菌盖上产生芝麻大小圆形或梭形的褐色病斑。病斑边缘较整齐，中间稍凹陷，单个菌盖上有几十或几百个病斑。病斑仅限表皮，不深入菌肉，不引起子实体变形和腐烂，刮除菌盖表面的病斑可见下面白色的菌肉。潮湿条件下，病斑表面有一薄层菌脓；干燥后在病斑表面形成菌膜，具光泽。

病原菌为托拉斯假单胞菌（*Pseudomonas tolasii*）。

平菇细菌性褐斑病症状（一）　　　　　　平菇细菌性褐斑病症状（二）

（4）金针菇细菌性褐斑病

病斑发生在菌盖和菌柄上。菌盖上的病斑褐色，圆形、椭圆形或不规则形，多数病斑发生在菌盖边缘，病斑外圈色较深，呈深褐色，潮湿时中央灰白色，有乳白色的黏液干燥时中央部分稍凹陷。菌柄上的病斑长椭圆形，梭形或菱形，褐色有环纹，外面一圈较深。幼小菇蕾可从菌盖沿整朵菇变黑褐色、腐烂。

病原菌为托拉斯假单胞杆菌属（*Pseudomonas tolasii*）。

金针菇细菌性褐斑病症状　　　　　　金针菇细菌性褐斑病病斑

（5）杏鲍菇细菌性褐斑病

菇体菌盖、菌柄上出现水渍状的黄褐色不规则病斑，严重时病斑连片，菇体病部发黏。

病原菌为假单胞杆菌（*Pseudomonas* sp.）。

杏鲍菇褐斑病症状

2. 发生规律

病菌存在于土壤、水源和培养料中，可以通过昆虫和喷水传播。出菇期菇房温度 15~20℃，空气相对湿度 85% 以上，尤其是菌盖表面有水膜存在时极有利发病。

3. 防治措施

①卫生防御：种植前后，菇房、菇床要做好清洁卫生，用 40% 二氯异氰尿酸钠可溶性粉剂 800~1000 倍液喷施消毒。使用清洁的水浇灌。

②基质消毒：培养料要彻底灭菌，床栽时要使用新鲜的覆土，覆土使用之前用 40% 二氯异氰尿酸钠可溶性粉剂消毒或蒸汽消毒处理。

③生态调控：改善子实体发育阶段栽培场所的通气条件，降低空气相对湿度。

④清除菌源：发现病菇及时清除。发病菇床可用 72% 农用硫酸链霉素可湿性粉剂 1000~1500 倍液喷施。

（十五）细菌性褐腐病

菌盖、菌柄上产生褐色病斑，病组织可深入菌肉；病菇后期变褐枯萎或腐烂。

1. 病害实例

（1）蘑菇细菌性褐腐病

从幼蕾至成熟的子实体均可发病。幼蕾发病后停止生长，变褐腐烂。子实体发病初期，菇盖表面出现浅红褐色水渍状圆形斑块，后颜色逐渐加深转变成深褐色。发病部位能深入到菌肉，使整个子实体变褐色至黑色，萎缩死亡和腐烂。

蘑菇细菌性褐腐病菇床症状

蘑菇细菌性褐腐病症状

蘑菇细菌性褐腐病菌盖和
菌柄症状

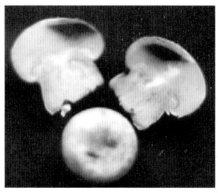

蘑菇细菌性褐腐病（菌肉发病）

蘑菇细菌性
褐腐病菌（菌
苔黄色）

病原菌为黄单胞杆菌（*Xanthomonas* sp.）。菌落淡黄色，光滑，边缘整齐。菌体杆状，仅具一根端生鞭毛，革兰染色阴性。

（2）香菇细菌性褐腐病

受侵染的香菇菇盖正面形成不规则形黄褐色病斑，常数个愈合成大病斑，严重时菇盖成片变黑褐色；菌褶上病斑褐色，数量多时布满整个菌褶，菌褶变成黄褐色；菇柄染病，子实体停止生长。菌盖、菌柄和菌褶病斑逐渐扩展到整个子实体，最后病菇呈黄褐色腐烂。

病原菌为假单胞杆菌（*Pseudomonas* sp.）。

香菇细菌性褐腐病症状　　　　　　　　香菇细菌褐腐病菌褶症状

（3）平菇细菌性褐腐病

通常整丛子实体发病，菌盖表面凹陷部形成褐色至黑褐色的近圆形或不规则

平菇细菌性褐腐病不同发病程度　　　平菇细菌性褐腐病菇丛症状

平菇褐腐病症状

平菇细菌性褐腐病菌

形大斑块。产生斑块后子实体僵硬萎缩，菌盖畸形，菌柄肿大，腐烂死亡。

（4）榆黄蘑细菌性褐腐病

榆黄蘑（黄平菇、金顶侧耳）细菌性褐腐病发生于地栽菇，菇蕾分化至幼菇期易感病。病害多从菌盖边缘开始发生，也可以从菌柄开始发生，病斑呈黄褐色水渍状。病斑从菌盖开始发生时，向菌柄和整个子实体扩展；从菌柄开始发生

榆黄蘑细菌性褐腐病症状类型

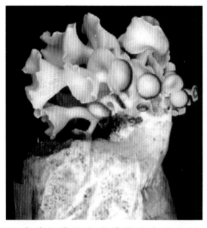

榆黄蘑细菌褐腐病菌筒子实体症状　　榆黄蘑细菌褐腐病地栽菇症状

时病斑向菌盖和菌柄基部扩展。病子实体生长停滞，萎缩畸形，后期整个子实体呈黄褐色腐烂。

病原菌为假单胞杆菌（*Pseudomonas* sp.）。

（5）金针菇细菌性褐腐病

菌盖和菌柄产生深褐色病斑，后期腐烂。

病原菌为果胶杆菌（*Pectobacterium* sp.）。菌落灰白色，菌体直杆状，周生鞭毛，革兰染色阴性。

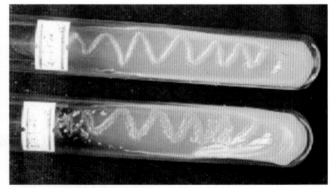

金针菇细菌性褐腐病　　　　金针菇细菌性褐腐病菌

（6）杏鲍菇褐腐病

菇盖的边缘或表面产生黄褐色斑块，后期病斑凹陷、表皮破裂，呈水渍状腐烂。

病原菌为假单胞杆菌（*Pseudomonas* sp.）。

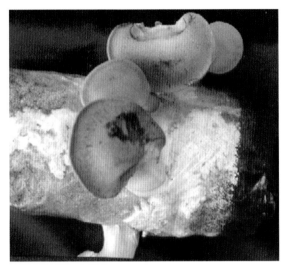

杏鲍菇细菌性褐腐病症状　　　　　　　杏鲍菇细菌性褐腐病症状

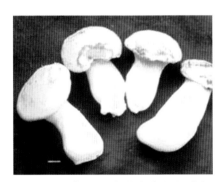
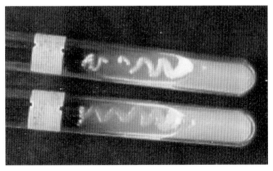

杏鲍菇细菌性褐腐病（菌肉发病）　杏鲍菇细菌性褐腐病菌

2. 发生规律

病菌存在于土壤、水源和培养料中；可以通过培养料、覆土、昆虫和喷水传播，还随采菇人员的接触传播。中温高湿条件有利于发病，出菇期菇房温度15~20℃，空气相对湿度85%以上发病重。

3. 防治措施

①搞好清洁卫生：种植前后，菇房、菇床要做好清洁卫生，用40%二氯异

氰尿酸钠可溶性粉剂 800~1000 倍液喷施消毒。培养料和覆土要通过高温灭菌或消毒处理。

②改善栽培环境：改善子实体发育阶段栽培场所的通气条件，降低空气相对湿度。

③及时药剂防治：及时清除病菇，病菇床用 72% 农用硫酸链霉素可湿性粉剂1000~1500 倍液喷施。

（十六）细菌性黄腐病

菌盖、菌柄上产生褐黄色病斑或斑块，病菇后期变黄枯萎或腐烂。

1. 病害实例

（1）平菇细菌性黄腐病

病菇的菌盖和菌褶局部或全部呈现黄色至枯黄色，病部常凹陷。重病菇分泌黄色液滴，子实体停止生长，最后萎蔫。通常整丛子实体发病，在与菌柄相连的菌盖表面凹陷部变黄色，病部逐渐扩大，最后整个子实体变黄枯萎。有时菇丛中部分子实体发病，病菇生长较缓慢，发生畸形扭曲，导致整丛子实体生长方向杂乱；幼菇蕾易感染病害，整个子实体呈橘黄色腐烂。菌筒也会染病，菌丝体和培

平菇细菌性黄腐病的病菇（左）与健菇（右）

养料变黄，腐烂。

病原菌为蘑菇假单胞杆菌（*Pseudomonas agarici*）。

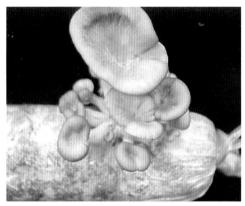 

平菇细菌性黄腐病（整丛子实体发病）　　　平菇细菌性黄腐病（部分子实体发病）

 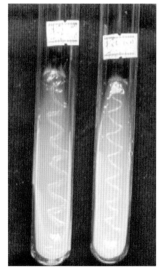

平菇细菌性黄腐病（幼菇蕾和菌丝发病）　　　　平菇黄腐病菌

（2）金针菇细菌性黄腐病

菌盖和菌柄呈淡黄色、水渍状斑，并使菌盖略呈黄色。病斑表面黏滞，后期腐烂。

病原菌为假单胞杆菌（*Pseudomonas* sp.）

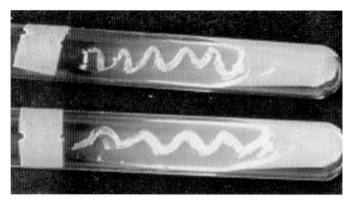

金针菇细菌性黄腐病　　金针菇黄腐病菌

（3）杏鲍菇细菌性黄腐病

病害发生于菌盖表面，起初菌盖变为淡黄色，而后产生水渍状凹陷斑，斑点逐渐扩大并相互愈合，病部分泌淡黄色菌液，导致菌组织腐烂。病菇也会产生畸形。

病原菌为假单胞杆菌（*Pseudomonas* sp.）

杏鲍菇细菌性黄腐病（病斑凹陷，有菌液）　　杏鲍菇细菌性黄腐病（菌盖黄斑和畸形菇）

（4）茶薪菇细菌性黄腐病

病害发生于菌盖表面，开伞老化的菌盖易感。病斑初期为凹陷的小点，逐渐扩大，病组织呈淡黄色水渍状腐烂。

病原菌为假单胞杆菌（*Pseudomonas* sp.）。

（5）鲍鱼菇细菌性黄腐病

病害主要从菌盖边缘开始发生，向内扩展。菌组织呈淡黄色水渍状腐烂。

病原菌为假单胞杆菌（*Pseudomonas* sp.）。

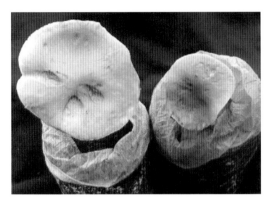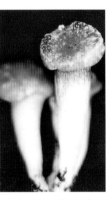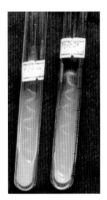

茶薪菇细菌性黄腐病症状　　　　　　　　鲍鱼菇细菌性黄　　鲍鱼菇黄腐病菌
　　　　　　　　　　　　　　　　　　　　腐病症状

（6）银耳细菌性黄腐病

银耳细菌性黄腐病又称银耳烂耳病。银耳由白色逐渐变黄，并从子实体中间开始腐烂，后期整个子实体呈胶状黄色腐烂。

病原菌为假单胞杆菌（*Pseudomonas* sp.）。

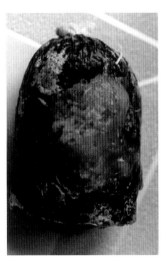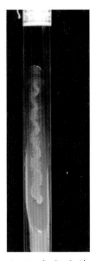

银耳细菌性黄腐病（前期）　　　　银耳细菌性黄腐病（后期）　银耳黄腐病菌

2. 发生规律

病菌存在于土壤和水中，可以通过昆虫和喷水传播。虫害严重，菇房湿度大，喷水过多，有利病害发生。

3. 防治措施

①使用洁净水：管理用水要用洁净的自来水，严禁使用沟水和脏水喷洒菇体。

②控制湿度：出菇期保持菇房良好通气条件，降低空气相对湿度，菌盖表面不要积水，保持较干燥状态。

③药剂防治：发现病菇及时清除，病菇床用 72% 农用硫酸链霉素可湿性粉剂 1000~1500 倍液喷施。

（十七）细菌性软腐病

食用菌细菌性软腐病的显著症状是子实体呈水渍状腐烂，有臭味。

1. 病害实例

（1）灵芝细菌性软腐病

子实体菌盖或菌柄基部呈黄褐色至黑色软化腐烂。腐烂的子实体散发腥臭味。

病原菌为假单胞杆菌（*Pseudomonas* sp.）。在营养琼脂培养基上菌落圆形，隆起，灰白色。菌体为单细胞杆状，直或弯，端生鞭毛，1 至多根；革兰染色阴性。

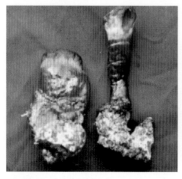
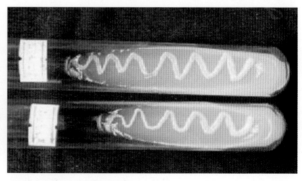

灵芝细菌性软腐病症状　　　　灵芝细菌性软腐病菌

（2）杏鲍菇细菌性软腐病

子实体分化和生长期发病，子实体原基、菇蕾及幼菇基部腐烂发臭，腐烂部呈黄色黏滞状。发病的菌袋菌丝坏死，不形成子实体，或产生少量的畸形菇。

病原菌为假单胞杆菌（*Pseudomonas* sp.）。

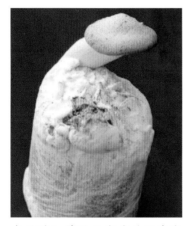 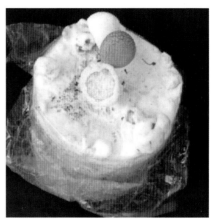

杏鲍菇细菌性软腐病（原基腐烂）　　杏鲍菇细菌性软腐病（幼菇畸形腐烂）

（3）鸡腿蘑细菌性软腐病

鸡腿蘑细菌性软腐病又称鸡腿蘑黑腐病。子实体先从菌盖部或菌柄基部变黑腐烂，病部不断扩展，最后整个子实体变黑腐烂。幼菇蕾发病后不再生长，变黑枯萎。

病原菌为假单胞杆菌（*Pseudomonas* sp.）。

鸡腿蘑细菌性软腐病（水渍状黑腐）　　鸡腿蘑细菌性软腐病（菌柄基部变色腐烂，幼菇蕾变黑枯萎）

（4）滑菇细菌性软腐病

感病部位初期出现深褐色的病斑，病斑逐渐扩大，变黑，腐烂。腐烂部位扩展到整个子实体或整丛子实体。菌组织腐烂后发出臭味。

病原菌为假单胞杆菌（*Pseudomonas* sp.）。

滑菇细菌性软腐病(菇丛变黑腐烂)　　滑菇细菌性软腐病（菇丛变黑软腐）

2. 发生规律

病菌存在于土壤和水中，可以通过昆虫和喷水传播。出菇期菇房空气相对湿度高、菌蛆为害，有利病害发生。

3. 防治措施

①使用洁净水：管理用水要清洁干净，严禁使用沟水和脏水喷洒菇体。

②控制湿度：出菇期保持菇房良好通气条件，菇丛表面不积水，保持较干燥状态。

③药剂防治：及时清除病菇病筒，病菇床用 72% 农用硫酸链霉素可湿性粉剂 1000~1500 倍液喷施。

（十八）菌褶滴水病

菌盖、菌柄上产生褐黄色病斑或斑块，病菇菌褶上产生奶油色小液滴。

1. 病害实例

（1）蘑菇菌褶滴水病

染病的子实体在开伞前停止生长，菌盖皮层下的菌肉、菌褶部和菌柄内部产生水渍状变色区。菌幕破裂后菌褶变色，菌褶上可以看到奶油色的小液滴，最后大多数的菌褶腐烂。

病原菌为蘑菇假单胞杆菌（*Pseudomonas agarici*）。菌体短杆状，两端钝圆，端生鞭毛，革兰染色阴性。

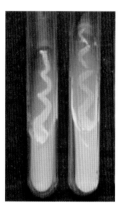

蘑菇细菌性菌褶滴水病症状 蘑菇菌褶滴水病菌

（2）杏鲍菇菌褶滴水病

菌盖下的菌柄与菌褶连接处分泌淡黄色液滴，纵剖子实体可见内部呈水渍状，病子实体生长停滞，最后呈黄色的水渍状腐烂。

病原菌为蘑菇假单胞杆菌（*Pseudomonas agarici*）。

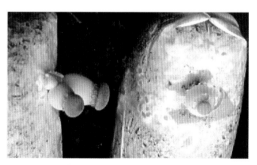

杏鲍菇细菌性菌褶滴水病症状

2. 发生规律

病菌存在于土壤、水源和培养料中，通过昆虫和喷水传播。出菇期菇房湿度高，菌盖表面有水膜时极有利于病原菌繁殖。

3. 防治措施

菇房、菇床要做好清洁卫生；使用新鲜的覆土，或覆土消毒。改善栽培场所的通气条件和降低空气相对湿度。

（十九）食用菌病毒病

蘑菇、香菇、平菇、草菇均有发现病毒病。症状表现为菌丝生长缓慢，子实体生长慢、畸形、菌盖变色或形成花斑，幼菇生长停滞、枯萎。

1. 病害实例

（1）平菇病毒病

染病子实体有多种症状：子实体幼蕾无序丛生，畸形僵硬；菌柄肿胀，不形成菌盖或菌盖小；菌盖与菌柄相连处凹陷成喇叭状，菌盖边缘呈波浪状或花瓣状；菌盖和菌柄表面有明显水渍状条纹或斑纹。

  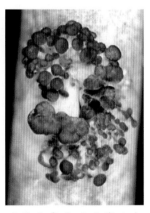

平菇病毒病（畸形子实体） 平菇病毒病（水渍状条纹） 平菇病毒病（幼蕾无序丛生萎缩）

（2）香菇病毒病

在香菇菌丝生长阶段，菌种瓶、袋，栽培袋出现"秃斑"和退菌现象，不出菇；在子实体生长阶段，子实体畸形，早开伞，菌肉薄，产量低。

据报道，为害食用菌的病毒主要有双链核糖核酸（dsRNA）杆形病毒、球形病毒。

香菇病毒病（畸形菇）　　　香菇病毒病（菌筒退菌斑）

2. 发生规律

使用带病毒的菌种是发病的重要原因。病毒可以通过食用菌的孢子和菌丝融合传播。

3. 防治措施

使用健康的无病毒菌种；在菌种生产过程中严格淘汰菌丝生长不正常的菌种；进行菌种提纯复壮，选择健康优质的子实体作种菇。

（二十）食用菌线虫病

食用菌线虫病的主要症状特点是菌丝衰退、塌圈、出菇少或不出菇。菌筒和菌床的培养料中少量线虫存在时菌丝生长量减少，出菇量减少；线虫侵染的区域菌丝衰退并逐渐消失（退菌）。子实体受侵染，菌组织变黑腐烂。菌丝衰退区和子实体腐烂变黑部位有大量线虫存在。遭受线虫侵染的菌筒、菌床或子实体，易诱发镰刀菌、青霉菌、木霉菌等真菌和细菌的次侵染。

食用菌的线虫包括两大类：一类为寄生性线虫，主要有滑刃线虫（*Aphelenchoides*）和茎线虫（*Ditylenchus*）；这类线虫口腔中有口针，通过口针穿刺菌丝体而吸食菌丝的内含物，导致菌丝坏死。另一类为腐生线虫，主要有小杆线虫（*Rhabditis*）；这类线虫无口针，能大量食害食用菌菌丝和取食基质内营养物质，且其排泄物能阻滞食用菌菌丝的生长。

1. 病害实例

（1）蘑菇茎线虫病

蘑菇茎线虫是对蘑菇生产最具有威胁的病原线虫，以口针穿刺蘑菇菌丝的细胞壁、吸取细胞内的物质，受伤害的菌丝发生"伤流"。茎线虫在蘑菇菌丝上不断繁殖，侵染数量不断增加，导致蘑菇的产量持续下降。茎线虫侵染的蘑菇床上食用菌菌丝体稀疏、潮湿黏滞，培养料成片下陷形成塌圈，散发恶臭。发病部位常诱发真菌和细菌侵害。

 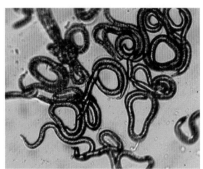

茎线虫为害的蘑菇床　　　　　　　　在蘑菇菌丝上繁殖的茎线虫

病原为食菌茎线虫（*Ditylenchus myceliophagus*），又称蘑菇茎线虫。雌虫和雄虫虫体线形，头部唇区低平。口针纤细、有小的基部球。中食道球梭形，后

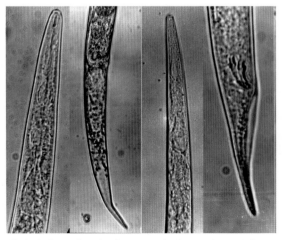 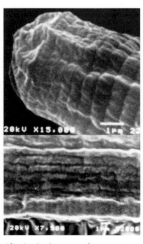

蘑菇茎线虫（从左到右分别为雌虫头部、尾部，雄虫头部、尾部）　蘑菇茎线虫头部环纹（上）和侧带（下）

食道宽大、稍向后延伸并覆盖于肠背面。侧带有6条侧线。雌虫阴门位于虫体后部；单生殖管朝前直伸、卵原细胞单行排列。尾部呈圆锥形，末端钝圆。雄虫有翼状交合伞；交合刺成对、稍向腹面弯曲。

（2）香菇滑刃线虫病

香菇滑刃线虫病又称香菇菌筒线虫病。发生于反季节栽培的稻田靠架畦栽香菇和旱地覆土袋栽香菇。

稻田靠架畦栽香菇在香菇菌筒脱袋至菇蕾形成期发病。线虫从与畦面土壤接触的菌筒基部侵入，迁移到菌筒内部的菌丝上取食和大量繁殖。转色后的病菌筒受害后表现为外部菌皮脆，内部菌丝完全消退，培养料腐烂松软。病菌筒外脆内软呈"巧克力"状，出菇少或不出菇。覆土袋栽香菇菌筒受线虫侵染后菌皮腐烂，内部菌丝消失变黑腐烂。

滑刃线虫为害反季节栽培的香菇，造成重大损失。1993年和1995年在福建省屏南县调查，菌筒发病率达40%以上，病筒损失率为70%~80%，有些发病菌筒完全丧失出菇能力。

靠架畦栽香菇菌筒滑刃线虫病（菌筒退菌）

香菇菌筒滑刃线虫病（巧克力状菌筒）

废弃的腐烂香菇菌筒

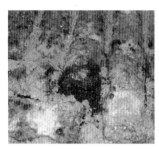

覆土袋栽香菇菌筒滑刃线虫病（烂筒）　香菇菌筒滑刃线虫病（烂筒）　香菇菌筒滑刃线虫病（培养料完全腐烂）

病原为堆肥滑刃线虫（*Aphelenchoides composticola*），又称蘑菇滑刃线虫。雌虫和雄虫的虫体细长，侧区有3条侧线，表皮具细微环纹。口针纤细，基部球小。中食道球大、椭圆形，食道腺叶覆盖于肠的背面。雌虫单卵巢前伸，受精囊中充满盘状精子。尾圆锥形，腹向具一个尾尖突。雄虫交合刺成对，尾部具3对尾乳突。

堆肥滑刃线虫寄主广泛，接种试验表明该线虫能取食杏鲍菇、香菇、平菇、茶薪菇、猴头菌、鸡腿蘑、鲍鱼菇、竹荪、蘑菇、金针菇、

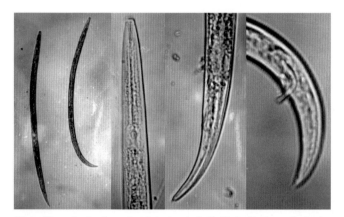

堆肥滑刃线虫（从左到右分别为雌雄虫整体、雌虫头部、雌虫尾部、雄虫尾部）

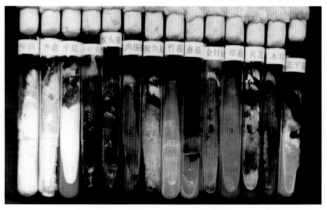

堆肥滑刃线虫取食各种食用菌的菌丝导致"退菌"

草菇、灵芝、木耳、黄平菇等食用菌的菌丝导致"退菌"。

（3）毛木耳滑刃线虫病

受害毛木耳子实体萎缩，生长停滞，呈胶质状潮湿腐烂。腐烂的子实体会诱发镰刀菌和木霉菌的次侵染。

毛木耳滑刃线虫病（烂耳和染菌）　　　　　毛木耳滑刃线虫病（烂耳）

病原为双尾滑刃线虫（*Aphelenchoids bicaudatus*）。雌虫虫体细小，头尾两端略较细。头部稍有缢缩，口针基部球小，中食道球近球形，大；阴门横裂，位于虫体后部，单卵巢，后阴子宫囊短。尾端有一宽双叉状尖突。

（4）灵芝滑刃线虫病

灵芝菌筒受线虫侵染后菌丝衰退，培养料潮湿腐烂，病菌筒易感染木霉菌。

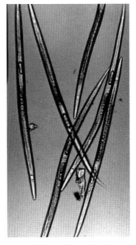

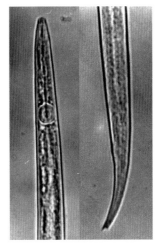

双尾滑刃线虫整体　　双尾滑刃线虫雌虫头部
形态　　　　　　　　（左）和雌虫尾部（右）

病原燕麦真滑刃线虫（*Aphelenchus avenae*）：食真菌线虫。雌虫和雄虫蠕虫形，较肥大。口针基部球小，中食道球大；单卵巢，前伸，尾稍向腹面弯曲，末端钝圆。

灵芝菌筒滑刃线虫病

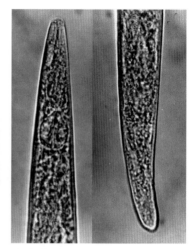

燕麦真滑刃线虫雌虫头部（左）
和雌虫尾部（右）

（5）蘑菇小杆线虫病

子实体受侵染后表皮和菌肉变黑，潮湿腐烂。腐烂的菌组织中可以分离到大量线虫。

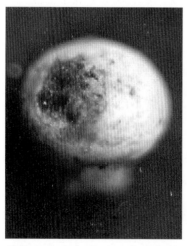

蘑菇小杆线虫病（子实体变黑腐烂）

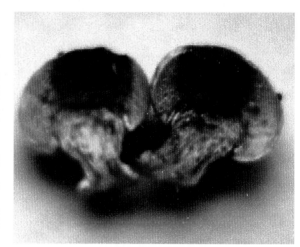

蘑菇小杆线虫病（菌肉变黑腐烂）

病原为小杆线虫（*Rhabditida* sp.）。腐食性线虫，能侵害多种食用菌的菌丝和子实体。雌虫和雄虫线形，细小；口腔无口针，食道为两部分，柱形的前部和球形具骨化瓣的后部。雌虫尾部细长，雄虫有交合伞，交合刺长。

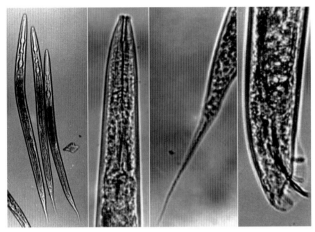

小杆线虫（从左到右分别为虫体、雌虫头部、雌虫尾部、雄虫尾部）

（6）毛木耳小杆线虫病

染病子实体生长停滞，潮湿腐烂。腐烂的子实体易感染镰刀菌和木霉菌。

病原为小杆线虫（*Rhabditida* sp.）

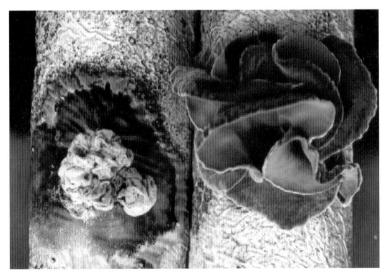

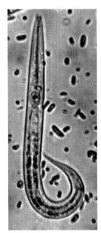

毛木耳上小杆线虫与镰刀菌复合感染的病菇(左)和健菇(右)

病菇上分离的小杆线虫和镰刀菌小型孢子

2. 发生规律

为害食用菌的线虫都是食真菌线虫，这些线虫生存于土壤和植物残体中，通过覆土、培养料、水、昆虫和人工操作传播。食真菌线虫最重要的是食菌茎线虫和堆肥滑刃线虫，这两种线虫是限制食用菌产量的主要因子之一，能导致显著减产。

食菌茎线虫存活于基质和土壤的真菌上，各龄幼虫都能进行低湿休眠，抗干燥能力较强。在基质上群集时，沿水膜运动和迁移。在菇场或菇房内可以通过被线虫污染的浇灌水和器具传播，菇蝇和菇蚊也是传播媒介。蘑菇的生长适温为18~20℃，也是该线虫的生长繁殖适温，食菌茎线虫在18℃完成生活史为10天。

堆肥滑刃线虫可以在饥饿、冰冻和缓慢失水的条件下存活，残存于食用菌栽培场所的培养容器、培养料残余物、土壤中和排水道。这种线虫能以土壤中的其他真菌为食并繁殖其群体，培养料、带虫土壤、老菇房培养器具和灌溉水是主要初侵染来源。在栽培过程中，排灌水、人工操作和昆虫（蝇类）都能传播线虫。对熟料栽培的食用菌如木耳、银耳、香菇、金针菇，在菇棚内出菇前由于菌棒与土壤接触，线虫可在菌棒基部繁殖和侵入而导致烂筒。喷洒被线虫污染的水，也能使子实体发病。

3. 防治措施

①加强卫生管理：严格保持菇房内外和栽培器具、培养料、覆土的卫生水平。栽培前后要认真做好菇房内外的环境卫生。出菇结束后要及时把废料彻底清出菇场，废料、菇床、菇架和用过的工具要经高温（55~60℃，12小时以上）处理。

②实施物理防治：a. 热处理。制作菌种的培养料要彻底灭菌，栽培时培养料要高温堆制和充分发酵。在巴氏灭菌期间，堆肥温度保持55~60℃达9小时能杀死大多数线虫。b. 阳光暴晒。种植蘑菇或其他覆土地栽菇时，可将覆土或其他覆盖材料放在水泥地面或塑料薄膜上铺成薄层，可采用阳光暴晒杀灭线虫。c. 地膜隔离。反季节香菇排筒前用地膜覆盖畦面，然后将菌筒排立于地膜上，可阻隔线虫侵染。d. 阻隔介体。蝇类是传播蘑菇线虫的介体昆虫。门窗用纱网遮盖以防止蝇类侵入菇房。

③生物防治：在蘑菇床上施用蓖麻的叶片和种子的混合物能杀死线虫和能提高蘑菇产量；粗壮节丛孢（*Arthrobotrys robusta*）是食真菌线虫的寄生菌，将这种真菌加工成制剂加入蘑菇堆肥中，可抑制线虫和能刺激蘑菇菌丝的生长、提高蘑菇产量。苏云金芽孢杆菌（*Bacillus thuringiensis*）对食真菌线虫有潜在的防治作用。

（二十一）食用菌生理性病害

食用菌生长过程中受到不良的环境条件或菌种不良生理因素的影响，导致生长发育障碍，子实体或菌丝体产生各种异常状态。主要症状有菌丝生长弱或生长过旺、不出菇或少出菇，子实体畸形、残缺、杂色、弱小等，其中畸形是最常见的症状。不同病因的病害症状有所不同。

①温度：各种食用菌的菌丝体和子实体生长发育都有其适宜温度范围，低于或高于这个温度范围都会导致生长发育异常。例如温度过高蘑菇形成早开伞细柄菇，温度过低形成小盖粗脚菇。变温结实型食用菌遇不适合的栽培期会完全不出菇。

②水分：基质中含水量过低影响菌丝体和子实体生长发育，菌丝量少、菇小、出菇少；水分过多引起缺氧，造成菌丝或子实体腐烂。

③湿度：空气相对湿度影响到培养基质的水分蒸发量和通气状况，从而影响食用菌的生长发育。蘑菇菌丝体生长期空气相对湿度为60%~70%，空气相对湿度50%以下培养料水分蒸发快而偏干，发菌少而慢；空气相对湿度80%以上时若遇高温，极易发生杂菌。子实体生长期空气相对湿度为85%~90%，湿度偏低菌盖表皮硬化和龟裂，湿度偏高菌盖易存留水滴形成水锈斑或引起细菌性斑点病。

④光照：大多数食用菌子实体生长发育需要保持一定的散射光。光照对食用菌原基分化、子实体的形态和色泽有密切关系。黑暗或光照不足时，大多数食用菌原基分化受阻或延迟，弱光照下生长的平菇和香菇菌柄细长、菌盖小，灵芝色暗淡、无光泽。强光或直射光会造成猴头菌子实体红化或日灼。

⑤空气：食用菌的呼吸作用是吸收氧气，排出二氧化碳。二氧化碳浓度过高会抑制或推迟食用菌原基分化。二氧化碳浓度达到0.1%时灵芝子实体不形成菌盖、菌柄分化为鹿角状分枝，猴头菌形成珊瑚状分枝，蘑菇、香菇出现长柄早开

伞的畸形菇。

⑥营养：代料栽培食用菌时培养基中碳源和氮源配制对食用菌生长发育影响最大。碳氮比值过大菌丝生长慢、量少，抑制原基分化；碳氮比值过小，菌丝徒长、原基分化迟。

⑦药肥：食用菌施用化学农药或化学肥料易造成药害或肥害。平菇子实体生长期喷施杀虫剂易造成死菇或畸形菇；香菇培养料中加入过量的尿素造成氨中毒，菌丝不吃料或退菌。

⑧菌种：菌种生理老化或退化、遗传变异，导致菌丝体生长异常、退化或徒长，不出菇或畸形菇。

⑨人为因素：人工操作不当，例如菌筒填料过紧，覆土土粒过粗或土层厚薄不均匀，导致不出菇或畸形菇。

1. 病害实例

（1）蘑菇生理性病害

①蘑菇水锈斑：蘑菇子实体表面出现铁锈色斑点，形似细菌性斑点病，不同的是它仅发生在子实体的表层，不向内部扩展。这种斑点会降低蘑菇质量。

病因：菌盖表面存留小水滴，空气相对湿度大。

②蘑菇薄皮早伞和硬开伞：薄皮早伞为子实体柄细、盖薄、提早开伞的现象。

早开伞病因：培养料和覆土过薄、含水量偏低、出菇期高温高湿，子实体生长密度大。硬开伞为尚未成熟的蘑菇

蘑菇水锈斑

子实体，菌盖与菌柄即分离开裂露出淡红色菌褶的现象。

硬开伞病因：出菇期突然降温且昼夜温差大，菌盖与菌柄生长不平衡易形成硬开伞。

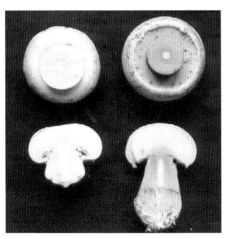

蘑菇早开伞：正常（左）和病菇（右）

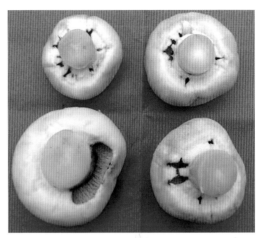

蘑菇硬开伞

③蘑菇空柄白心：蘑菇菌柄内变成白色疏松的髓，有时髓收缩或脱落成中空的现象。严重影响蘑菇的质量和产量。

病因：子实体发生阶段温度偏高，培养料和覆土偏干。

④蘑菇地雷菇：菇形不正常、不圆整，形似地雷。这种菇多产于出菇初期，出菇稀，子实体出土过程中会损伤周围的幼小菇蕾，影响正常菇的产量和质量。

病因：培养料过湿、料温低，覆土时粗土粒过干、细土覆盖过早，导致子实体在料内或覆土下层分化和生长发育成熟后露出土面。

⑤蘑菇鳞纹菌盖：菌盖表面呈褐色，产生龟裂纹或形成鳞片状突起。

蘑菇空柄白心

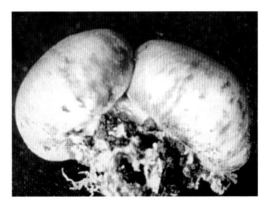

蘑菇地雷菇

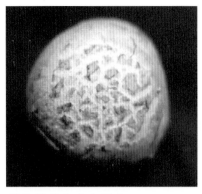
蘑菇菌盖表皮龟裂纹

蘑菇菌盖鳞片

病因：子实体生长期空气相对湿度偏低，通风过强。

⑥蘑菇粗柄小盖菇：菌柄粗大，菌盖小。

病因：菇房温度偏低（12℃以下）。

⑦蘑菇手雷菇：蘑菇菌褶菌柄不分化，无菌柄，形成手雷状子实体。

病因：菇房湿度大，通气不良，二氧化碳浓度较高。

蘑菇粗柄小盖菇

蘑菇菌褶菌柄不分化

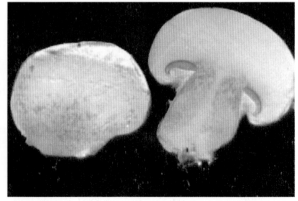
蘑菇无柄菇（左）和正常菇（右）

⑧蘑菇连体双柄菇：子实体或菌丝组织相互黏合，形成连体菇或双柄菇。

病因：菇房湿度大，通气不良，二氧化碳浓度较高；子实体原基密导致菌

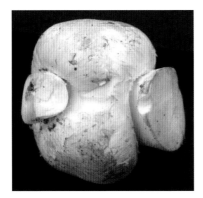

蘑菇连体菇　　　　蘑菇连体双柄菇　　　　　蘑菇双脚菇

盖组织融合。

⑨蘑菇死菇或死蕾：菇床出菇阶段小菇蕾或小蘑菇萎缩、变黄，最后变黑死亡，有时成片或成批子实体萎缩死亡。已分化形成的小菌盖及菌柄呈皱缩干瘪状。

病因：子实体原基形成时气温突然升高，菇房温度偏高，通气不良；菇床培养料含水量过低或空气相对湿度低；机械损伤；药害。

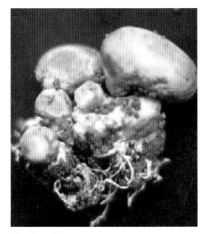

蘑菇死蕾　　　　　　蘑菇死菇

⑩蘑菇床菌丝徒长：菌丝生长过旺，冒出土层，密集成片，形成一种细密的、不透水的菌丝体，菇农称这种浓密徒长的菌丝体为"菌被"或"菌皮"，迟迟不出菇或推迟出菇，降低蘑菇产量。

病因：菇房温度和湿度高，通气不良，二氧化碳浓度偏高；播种期偏早，播

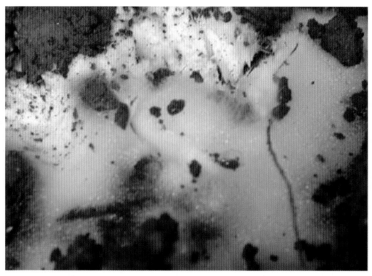

蘑菇床菌丝徒长

种后温度较高，有利菌丝生长，而不利子实体的形成；使用气生菌丝扩接的原种或使用在菌种瓶中就表现有菌丝生长过旺的原种或栽培种。

（2）香菇生理性病害

①香菇畸形菇：可以归为畸柄型和畸盖型两类。

畸柄型常见的有以下几种：两个或多个子实体的菌柄肿大和相连合形成"连体菇"；单菌柄菌盖分裂为多瓣形成单柄多盖菇；菌柄基部肿大形成肿柄菇；两个子实体菌盖反向联结形成菌柄对生菇；菌柄分裂部分菌盖嵌入裂缝形成柄夹盖菇。

畸盖型常见的有以下几种：菇盖中间半球形突起呈铜钹状称为钹盖菇；菇盖中间下陷呈铜锣状称为锣盖菇；菌盖嵌生象牙状增生组织形成獠牙菇；菌盖表皮纵裂形成花边状，有的菌盖不规则扭曲，有菌盖不分化或菌盖破损不完整等畸形菇。

香菇畸形菇主要发生于袋栽香菇，以不脱袋的花菇栽培模式为多。

病因：开袋过迟、出菇过多，造成菇体挤压、交缠；菌袋未成熟，过早催蕾；菇房通风差，有害气体多；子实体生长期温度不适，过高或过低且持续时间长；操作时对子实体造成机械损伤。

香菇连体

香菇一柄多盖

香菇柄基肿大

香菇菌柄连生菇

香菇柄对生

香菇柄夹盖

香菇钹盖菇（菌盖凸起）

香菇锣盖菇（菌盖凹陷）

香菇獠牙菇（菌盖突起物）

香菇菌盖扭曲

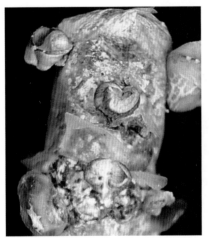

香菇菌筒畸形菇

香菇花盖菇

②香菇荔枝菇：香菇原基发生后，菇体各部分组织不分化，只膨大形成大小不一、高度组织化的菌丝团，多为半球或球形，表面龟裂，有的像爆玉米花、有的像荔枝，这种菇不仅没有商品价值，如不及时采摘还会造成香菇烂筒。

病因：原基出现后，环境温度长时间低于所栽品种的生长温度，造成分化

香菇荔枝菇

进程中止，多发生在低温季节；原基发生后，脱袋迟或环境温度急剧下降，使原基发育逐渐滞停，未分化就死亡。

③香菇蜡烛菇：原基发生后，菇体各部分组织不正常分化，只向上伸长，呈膨大、白色、无菌盖的柱状体，形似蜡烛。

病因：菌袋未培养成熟，过早催菇；原基发生后，遇上低气温，难以进行正常分化；生长环境通风不良，高度缺氧，光线差或黑暗；外来有害物质或有毒气体等刺激所致。

香菇蜡烛菇

④香菇死菇：菇蕾停止生长，菇柄由白色转变为粉红色，而后整个菇柄变红褐色，最后整个菇体和菌盖变红褐色死亡。成年子实体死亡的，先表现为生长停滞，菌盖和菌柄失水干瘪和皱缩枯萎。

病因：这种现象常发生在冬季出菇的香菇上，主要是由于菇棚温度和空气相对湿度过低，温度在 -1℃ 以下，湿度在 50% 以下，菇棚的通风过强易发生死菇。

香菇（正常菇）

香菇菇蕾坏死症状

香菇菇蕾坏死症状

香菇成品菇干枯皱缩

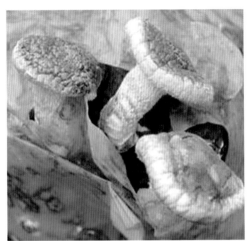

香菇成品菇干枯皱缩

⑤香菇袋内菇：袋栽香菇在菌筒未开始转色，未下田前便长出子实体，而子实体被束缚在袋内，长不成形，无经济价值，却消耗大量的养分，经一段时间后，子实体便染绿霉，并导致烂筒。

病因：菌筒培养时翻堆次数太多；培养室温差太大、光线太强。

香菇袋内菇

⑥香菇菌筒转色异常：一是不转色，菌筒表面始终白色或略带其他非正常色；二是转色差，菌筒表面呈深浅不一的斑块状，外观浅褐色，无光泽；三是转色过度，菌筒表面形成厚厚的深褐色至黑褐色菌皮。

病因：转色阶段环境条件不良，湿度大，光照弱或不均匀；通气条件差。

香菇转色异常

⑦香菇菌筒拮抗现象：香菇菌筒当菌丝走满袋后，两个相邻接种穴的菌丝不能互相交触渗透，在接种穴的菌丝之间产生一明显的拮抗线。随着培养时间的增长，拮抗线越来越明显，到菌筒转色时拮抗线会隆起硬化。

病因：由于菌种混杂造成，即不同品种的菌种混接，相邻的菌穴接入不同品种，导致不同品种相互拮抗。

⑧香菇菌筒闷菌：菌筒内菌丝走满后正常转色，不出菇。

病因：基质含水量偏低，空气湿度不够，菌袋表面干燥，菌皮变硬，直接影响到原基分化，菇蕾难以形成；品种温型与栽培季节搭配不当，高温品种低温时期栽培，低温品种高温时节使用，难以出菇。

香菇筒内菌丝拮抗现象

香菇双层袋栽闷筒症状

香菇双层袋栽闷筒表面转色状况

香菇双层袋栽闷筒筒内菌丝生长状况

（3）平菇生理性病害

①黄平菇花椰菜菇：平菇子实体原基不断增大，菌柄强烈分叉，形成花椰菜状。

病因：菇房通风条件极不良，二氧化碳浓度过高、空气湿度低，温度较高。

黄平菇（花椰菜菇）

②平菇裙菇：菌褶增生并沿菌盖边缘向上翻卷，形成裙边状。

病因：菇房通风条件不良，二氧化碳浓度过高、空气湿度大。

③平菇菊花菇：子实体重叠环状丛生，底层和外层子实体较大，内层子实体逐渐变小，子实体丛呈菊花状。

病因：菌袋口未及时打开，造成子实体挤压环生。

平菇裙菇（菌褶赘生向上翻卷）　　平菇（菊花菇）

④平菇畸形菇：主要有畸盖菇、连体菇和粗柄小盖菇等。

畸盖菇是指菌盖生长异常的菇。有的菌盖不规则，形态畸变为肾形、哑铃状、马蹄形；有的是菌盖变薄，菌盖背面几乎无菌褶，子实体颜色变淡。

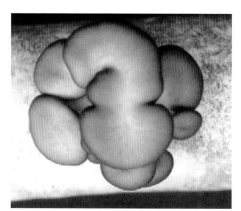

平菇菌盖连体叠生

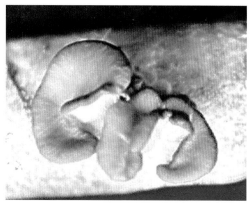

平菇缺刻菇

平菇连体菇

平菇连体菇

平菇薄盖菇

平菇肿柄菇

连体菇是指多个子实体的菌柄或菌盖相互连接的菇。

粗柄小盖菇是指菌柄粗大、菌盖小和畸形的菇。

病因：畸形菇形成是水分管理失调，子实体前期受机械损伤或虫害。连体菇形成是子实体生长过密或分化障碍。粗柄小盖菇是因光照过弱引起。

⑤平菇毒害和药害。

平菇杂色菇：菌盖变黄或着色不均匀。

病因：二氧化碳中毒或含化学物质的凝聚水落在菌盖表面引起中毒。

平菇药害：菌盖生长缓慢或者停止生长，菌盖边缘形成黑边，叶片向上翻转。

病因：平菇原基期间喷洒杀虫剂敌敌畏，培养料中加入杀虫剂会导致不出菇。

平菇杂色　　　　　　　　　　平菇药害

（4）金针菇生理性病害

①柄生菇：菇柄肿胀、弯曲，交错缠绕生长，不形成菌盖或菌盖小而畸形，在菇柄上长出大量小菇蕾。

病因：喷水过多，生长环境的湿度较大；开袋过迟，子实体在袋内挤压，顶端生长受抑制，导致菌柄膨大和分化小菇蕾。

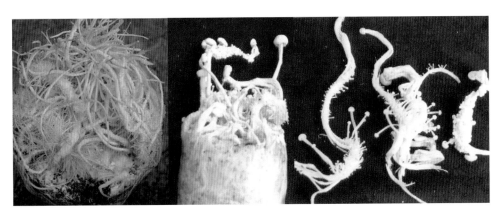

金针菇柄生菇

②盖生菇：菇盖上托生菌盖连生的子实体。

病因：子实体生长环境湿度大，子实体生长过密，子实体形成过程中菌盖相互黏连，菌丝融合形成盖生菇。盖上菇的菌柄萎缩。

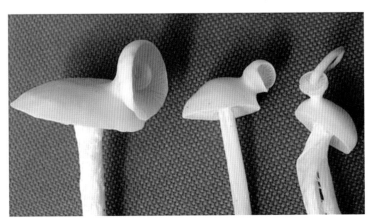

金针菇盖生菇

③畸形菇：菌盖表面皱缩，边缘形成缺刻。皱盖菇——菇盖表面及边缘皱折和凹凸不平，有的还多个菌盖黏连，菇盖极不圆整。花朵菇——菌盖边缘呈花瓣状或齿轮状凹凸，整个菌盖呈花朵状。

病因：开袋过迟、幼子实体长时间处于通风不良环境。

④菇柄开裂：菌柄明显纵向破裂、扭曲生长，菌柄髓部多呈中空状态。

病因：子实体发生不匀，过密或过稀；菇房的光线无序变动，使菇体扭曲生长。

金针菇皱盖菇　　　　　　　　　金针菇菇柄开裂

金针菇花朵菇

（5）杏鲍菇生理性病害

①菇苞和苞菇：子实体不能正常分化，只长出一团瘤状菌肉，无菌盖和菌柄，

杏鲍菇菇苞　　　　　　　　　　杏鲍菇菇苞和苞菇

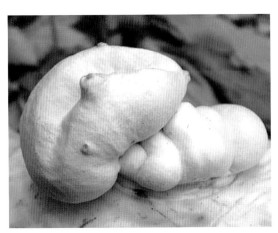

杏鲍菇大菇苞

杏鲍菇丛生菇苞

杏鲍菇菇苞上菌盖丛生

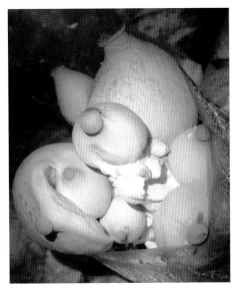

杏鲍菇丛生苞菇

俗称菇苞。有些菇苞表面能分化形成菌盖，称为苞菇。

病因：菇房通风严重不足，二氧化碳的浓度过高。

②畸形菇：子实体畸形；菌盖和菌柄龟裂；盖、柄形状不规则；子实体不规则丛生；菌柄膨大，呈多角状等。

病因：空气相对湿度过低，当空气相对湿度长时间保持在75%以下时，就会出现菇盖、菇柄龟裂；菇体受机械伤、温度不适、培养料或空气水分失调、农药的刺激等都会产生畸形。

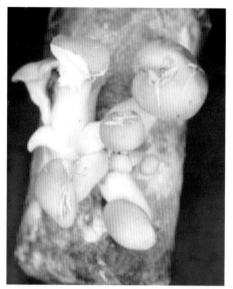

杏鲍菇畸形菇

杏鲍菌柄膨大多角形

杏鲍菇菌盖和菌柄龟裂

杏鲍菇盖、柄形状不规则

（6）鲍鱼菇生理性病害

①畸形菇：菌盖皱缩翻卷，变薄；菌柄上产生小菇；菌盖产生瘤状突；菌盖表面产生字形纹。

病因：通气不良，水分管理失调，子实体前期受机械刺激或虫害。

②杂色菇：菌盖变薄、颜色变白，黑白相间或黄色斑。

病因：主要是菇房通气不良，二氧化碳中毒或化学药物中毒。

 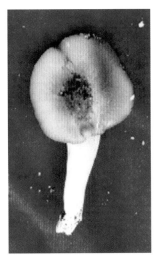

鲍鱼菇（菌盖畸形，柄生菇）　　　　　　　　鲍鱼菇畸形

 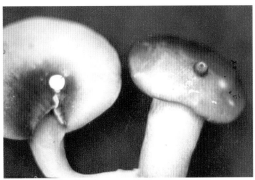

鲍鱼菇（薄盖）　　　　　　鲍鱼菇瘤盖菇

鲍鱼菇（文字菇）　　　　　　　　　　　　鲍鱼菇（畸形杂色）

（7）猴头菌生理性病害

病状：主要有畸形、红化和日灼等。畸形的子实体分叉形成珊瑚状，小型子实体丛生，子实体僵硬、光秃无菌齿；红化的子实体呈淡红色至暗红色，菇体不整齐、菌刺短或无菌刺，严重红化导致子实体死亡；日灼的子实体朝阳光的部分呈焦黄至褐色，菌齿萎缩，严重时日灼部位破裂。

病因：培养温度高于24℃，空气相对湿度低于70%，通风不良容易产生畸形菇。温度偏低，光线过强，菇房遮光条件差子实体易变红；日灼是由太阳光直射，光线过强所致。

猴头菌畸形菇

猴头菌畸形菇

猴头菌（红化、死菇）

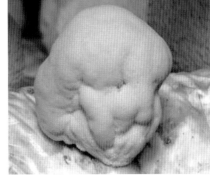

猴头菌（红化）

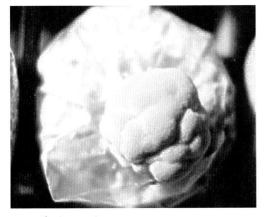

猴头菌（红化）

猴头菌日灼

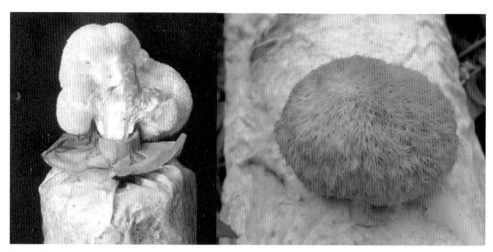

猴头菌日灼

（8）草菇生理性病害

①白毛菇：子实体下半部至基部着生大量的白色菌丝，菇体上的白色菌丝容易形成水渍斑。产生白毛菇的菇床草菇的产量低。

病因：主要是子实体长时间处于高温、高湿、通风不良的环境。

②菌丝徒长：在培养料上草菇菌丝生长浓密，形成白色菌丝层，有时会形成菌被。菌丝徒长影响草菇菇蕾的形成和正常生长。

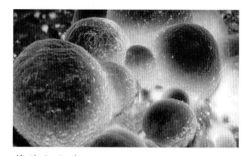

草菇白毛菇

病因：菇棚通风不足，气温和料温高，培养料水分蒸发量大，气生菌丝大量发生；培养料含氮量过高，也会导致菌丝徒长，形成菌皮。

③菇体萎缩死亡：草菇子实体菇体停止生长，菇色变暗，软化，萎缩、枯萎死亡。

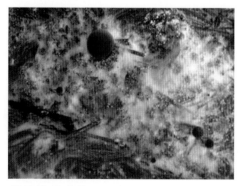

草菇菌丝徒长

病因：幼菇生长期当遇到气温骤变，温差过大；喷水水温过低，温差过大；使用的喷雾器沾有农药；料温偏低，当料温低于28℃时，会导致幼菇死亡；采摘损伤。

④肚脐菇：草菇的子实体发育不完全，其顶部缺少包膜，形成一个缺口，状如肚脐。

病因：子实体在幼蕾阶段菇房通风不良，二氧化碳浓度过高；在幼蕾阶段覆盖的塑料薄膜或在揭膜时，塑料薄膜与菇蕾摩擦造成机械损伤。

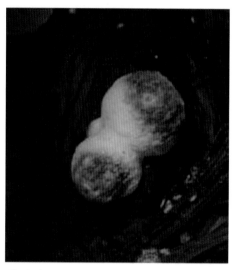

草菇萎缩死亡

草菇萎缩死亡

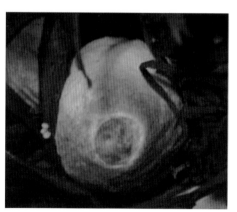

草菇肚脐菇

（9）茶薪菇生理性病害

①菌丝红化：茶薪菇菌筒在走菌过程中，出现菌丝变红褐色。红化初期菌筒内菌丝呈红白相间，随着菌丝生长和成熟红化越严重，导致菌丝停止生长。红化菌丝块边缘出现一条浅褐色拮抗线。

病因：在走菌过程中温度过高所致。当培养室中的菌筒料温超过32℃时，易出现菌丝红化。温度恢复正常后新生菌丝颜色正常，而红化菌丝不能恢复正常的白色。

茶薪菇菌丝红化

②花瓣菇：菇盖表皮开裂，现出白色的菌肉，开裂花纹纵横交错，形成花瓣纹。严重的菇盖边缘会出现较深的裂痕。菇柄表皮也同时出现开裂。

病因：菇棚的空气相对湿度过低，子实体生长发育期处于空气相对湿度为75%以下的环境中，就会出现这种现象。

茶薪菇花瓣菇

③侧生畸形菇：在菌袋的侧边长出扭曲畸形的子实体。

病因：由于菌袋的培养料较松，或在灭菌、培养的过程中造成培养料与塑料袋脱离，子实体就会沿着脱袋的缝隙长出，子实体由于缝隙狭窄而受挤压形成各种畸形。

茶薪菇侧生畸形菇

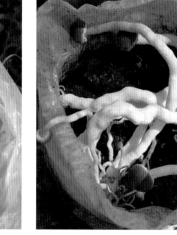

茶薪菇侧生畸形菇　　　　　　　　　　茶薪菇药害（菌柄畸形、小菇枯萎）

　　④药害：轻度药害会使子实体变形，菇柄扭曲，菌盖边缘凹陷、不圆整；菇体表面产生褐色坏死斑，幼菇死亡；药害严重的菇体停止生长，并分泌出褐色的液体。

　　病因：子实体在生长过程中使用农药所致。

茶薪菇药害（分泌褐色汁液）　　　　　茶薪菇药害褐斑

（10）大球盖菇生理性病害

①大球盖菇畸形菇：菌柄弯曲、皮层断裂上卷；菌柄从菌盖下方、柄基或全柄纵向爆裂。

病因：覆土的土粒过粗，大土块压抑子实体的生长，空气相对湿度骤变、突然降低，易造成菌柄表皮断裂和爆裂。

②大球盖菇枯萎：菌盖皱缩凹陷、萎缩，子实体停止生长。

病因：菇床湿度过大，机械损伤，导致子实体枯萎。

大球盖菇菌柄表皮断裂

大球盖菇菌柄盖基纵裂

大球盖菇全柄纵裂

大球盖菇柄基纵裂

大球盖菇菌盖凹陷坏死

大球盖菇子实体枯萎（右）

（11）鸡腿蘑生理性病害

鸡腿蘑的生理性病害主要有褐色鳞片菇、变色菇、子实体干枯。

①褐色鳞片菇：菌盖表面长出许多红褐色翘起的鳞片。这种子实体可以食用，但降低了商品价值。

病因：菇房空气相对湿度低，光照强。

②变色菇：菇体呈褐色或红褐色，菌盖呈水渍状、龟裂。这种菇不腐烂，能正常发育和可食用，但会降低商品价值。

病因：覆土含水量偏高；菇房空气相对湿度过大；朝子实体直接喷水；菇房或薄膜凝集水直接滴落到子实体表面。

鸡腿蘑褐色鳞片菇

③子实体干枯：菌盖停止生长，干枯萎缩。

病因：菇房空气相对湿度过低，覆土干燥，干热风导致菇体失水。

鸡腿蘑变色菇   鸡腿蘑子实体干枯

（12）滑菇生理性病害

①滑菇空心菇：菇柄肿大，菌盖中间有一个空洞，空洞一直延伸到菇柄的底部。

病因：在幼蕾形成与生长阶段温度过高（超过20℃）就会形成空心菇。

②滑菇畸形菇：菇柄肥大或无柄、菇盖形状不规则。

病因：子实体开袋过迟，机械挤压造成。

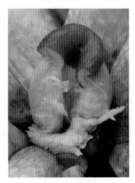

滑菇空心菇症状   滑菇空心菇剖面   滑菇畸形菇症状

（13）白玉菇生理性病害

盐巴菇：菌盖上长出白色小菇瘤，菇瘤散生或成堆。菇瘤散生于菌盖时呈盐巴状。

病因：空气相对湿度波动大，子实体生长期菌盖表面处于干干湿湿状态容易产生小菇瘤。

白玉菇盐巴菇的菇房症状

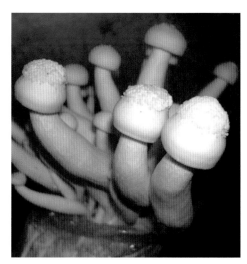

白玉菇盐巴菇菇瘤堆状

白玉菇盐巴菇菇瘤散生

（14）灵芝生理性病害

灵芝在人工栽培中常出现各种畸形的子实体，畸形的类型主要有掌形菇、连体菇、窗花菇、鹿角菇和铲形菇。

畸形菇：掌形菇的菇柄不分化，形成扁平的菌块组织，在菌块组织上方形成菌盖，形如脚掌或手掌；连体菇由两个或多个子实体的菇柄相连；窗花菇的菇柄部不断分化相互交错，形成许多小窗孔；鹿角菇的菇柄上部不断分化和分枝，不长菇盖，形成鹿角状；铲形菇的菇柄长、扁平，顶部形成扁平的小盖，子实体呈长铲状。

病因：灵芝的畸形菇形成的主要是由于菇房通风不良、二氧化碳浓度过高、环境相对湿度偏低或光线过暗造成的。

灵芝各种形状的掌状菇

灵芝连体菇

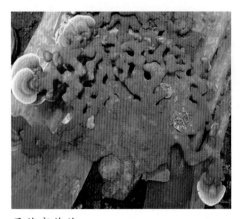

灵芝窗花菇

灵芝鹿角菇

灵芝铲形菇

（15）银耳生理性病害

银耳子实体萎缩：银耳子实体生长受抑制，生长缓慢和生长停滞，朵形小，呈萎缩状。

病因：用棉籽壳作培养料时，菌袋培养料填料过紧，导致袋内缺氧。

银耳菌筒填料过紧的菌筒剖面观

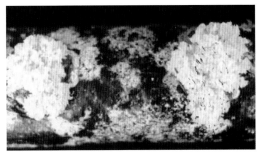

银耳菌筒填料过紧子实体生长状况

（16）菌丝生理性病害

菌种老化和菌筒菌冻：菌种或菌筒的菌丝老化表现为菌丝变色，菌块萎缩，菌种瓶或菌种袋内产生积水。菌冻表现为菌筒内有褐色积水，菌丝生长受到抑制甚至消融腐烂。

病因：菌种培养过久，贮藏不当，培养料营养不足容易造成菌种老化。菌冻产生是由于菌筒培养料较松或高温灭菌时胀袋，发菌期蒸发的水分附着于薄膜凝结成水滴，由于积水菌丝缺氧死亡，变黑腐烂。

菌种老化（左）和菌筒菌冻（右）

（17）除草剂药害

食用菌发生除草剂药害后重者造成子实体萎蔫和死亡；轻者造成子实体发育异常和畸形。

病因：地栽菇的菇床使用除草剂易发生药害，菇棚周围喷施除草剂发生药雾飘移也会造成药害。

灵芝菇床杂草

杏鲍菇菇床杂草

香菇菇床杂草

食用菌棚杂草

2. 发生规律

食用菌生理性病害发生原因主要有：使用劣质菌种，菌种温型与栽培季节搭配不当，培养其营养失调，培养管理粗放，菌丝生长和子实体生长环境中温度、光照、水分、通气等生长条件不适，化肥、农药中毒等。

3. 防治措施

食用菌生理性病害的防治策略：培育优质菌种，保证栽培质量，加强生态调控，严防肥害药害。根据不同生理性病害的发生原因，采用针对性防治措施。

①选择优质菌种，适时栽培和采收：根据季节和当地气候条件，选用优质适龄菌种，安排好接种时期。对预防死菇、弱菇、不出菇、菌丝老化，预防子实体损伤和畸形有重要作用。

②注重栽培基质和菇床管理：熟料栽培基质要做到合理配方，特别要重视碳营养元素和氮营养元素的比例；生料栽培基质要做好培养料的充分发酵；地栽食用菌要注重覆土质量。确保栽培基质和覆土的合适含水量，促进菌丝和子实体的生长发育。

③加强生态调控，优化生长条件：在菌丝生长期要保持合适的生长温度和培养基含水量。子实体生长期要注重菇房、菇棚和栽培环境的温度、光照、通气，水分和湿度的调控，这是控制子实体畸形的最主要的措施。

④科学使用农药，严防药害和残留：一是要根据食用菌品种和病虫害种类，选用高效低毒低残留农药。二是在子实体生长期严禁使用农药。三是针对除草剂药害的预防，地栽菇的菇床杂草应使用人工拔除；菇棚周围喷洒除草剂前要将菇棚所有通风口关闭，或在喷洒除草剂前一天，将已出的菇采完后再喷药。

三、食用菌虫害及鼠害

食用菌虫害按发生时期不同，可分为栽培期虫害和仓储期虫害两大类。食用菌栽培期害虫种类繁多，昆虫纲双翅目害虫有蝇类和蚊类，鞘翅目害虫有木蕈甲、窃蠹、步甲、隐翅甲，鳞翅目害虫有细卷蛾，啮虫目害虫有厚啮和书虱，革翅目害虫有蠼螋和球螋，弹尾目害虫有跳虫类；蛛形纲的螨类；软体动物的蜗牛和蛞蝓等。木蕈甲、窃蠹、步甲、隐翅甲、细卷蛾也是重要的仓储期害虫。菇蚊和菇蝇是食用菌栽培期的重要害虫，蘑菇、平菇、香菇、茶树菇、鲍鱼菇、杏鲍菇、白木耳、毛木耳、猴头菌、灵芝等均会被害，一般造成的产量损失为15%~30%，严重时还会造成毁灭性的灾害。除了虫害外，在食用菌生长的各个阶段鼠类都是令人头疼的破坏者。

（一）菇蝇（虻、蠓）类

为害食用菌的蝇类有蚤蝇、果蝇、实蝇、潜蝇、斑蝇，还有蛾蠓和水虻。这类害虫以幼虫为害食用菌的菌丝体和子实体。幼虫取食菌丝使培养料发黑、松软、下陷，造成出菇困难；幼虫为害子实体时先在菇柄基部取食，随后钻蛀到菇体内部，以原基和幼菇受害最重，被害菇变褐呈革质状，幼虫造成的伤口容易诱发病菌感染而腐烂。受害部可检查到幼虫和蛹，也可发现成虫。

1.害虫实例

（1）蚤蝇

蚤蝇为微小或小型的蝇类，种类多，常见种有白翅异蚤蝇、东亚异蚤蝇、菇蚤蝇，其他种有喙蚤蝇和锥蚤蝇。

①白翅异蚤蝇（ *Megaselia* sp.）：成虫体长 1.4~1.8 毫米，褐色或黑色，最明显的特征是停息时体背上有两个显眼的小白点，由翅折叠于背面而成。头扁球形，复眼黑色，单眼 3 个。触角短小，近圆柱形，有芒。下颚须黄色。胸部隆起。翅

短，白色，径脉粗壮。足深黄色至橙色，腿节、胫节、跗节上密布微毛，中、后足胫节端部各有一距。幼虫体长 2~4 毫米，乳白色至蜡黄色。

白翅型蚤蝇的雌虫（左）和雄虫（右）

②东亚异蚤蝇（*Megaselia spiracularis*）：雄虫体长 1.2~1.5 毫米，雌虫体长 1.4~2.2 毫米。淡黄褐色，头小，复眼黑色，触角第三膨大呈圆形，芒分 3 节，具微毛。胸部大，隆起，有刺毛。腹节背面有黑色宽条纹，其中央黄色。前翅 R_1、R_{2+3}、R_{4+5} 脉明显增粗，颜色较深，其后部 4 条纵脉非常细弱，颜色较浅。足的腿节发达，中、后足胫节有距。后足胫节背缘具栅，在栅的前部有纤毛列。

（1）　　　　　　　　（2）　　　　　　　　（3）

（4）　　　　　　　　（5）　　　　　　　　（6）

东亚异蚤蝇
（1）雄虫；（2）雌虫；（3）头部正面；（4）前翅；（5）雌虫尾器；（6）雄虫尾器

③菇蚤蝇（*Phora* sp.）：体长约3.8毫米，黑色，触角上鬃1对，后倾。触角芒背生，几乎光裸。胸部黑色，光裸。足暗褐色，前足无鬃，中足胫节具前背鬃2根，后足胫节具前背鬃1~2根。翅透明，具不同程度的褐色，缺 R_{2+3} 脉。

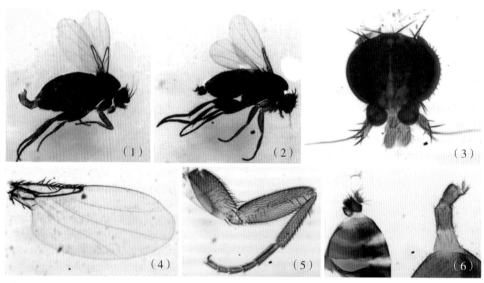

菇蚤蝇
（1）雌虫；（2）雄虫；（3）头部；（4）前翅；（5）后足；（6）雄虫和雌虫尾器

④凯氏锥蚤蝇（*Conicera kempi*）：成虫体长约2.0毫米，胸部黑褐色。触角第三节呈曲颈瓶状，下颚须黑色，具短毛。平衡棒黑色。足褐色，腹部黑色，尾器褐色。

⑤喙蚤蝇（*Trophithauma* sp.）：成虫体长1.4~1.6毫米。

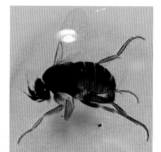

凯氏锥蚤蝇雄虫　　　　喙蚤蝇雌虫

额黄褐色，口上片黄色、向前下方延伸呈舌状，喙延伸。胸黄褐色；中胸侧片下半部及足黄色。翅透明，平衡棒褐色。

（2）其他菇蝇

①黑腹果蝇（*Drosophila melanogaster*）雄虫体长约2.6毫米，雌虫约2.1毫米。

体黄褐色，复眼红色。雄虫腹部末端尖细，腹节背板后缘具黑色横纹。雌虫腹部末端钝圆，腹末具黑色环纹。雌虫前足跗节前端表面有黑色鬃毛梳（性梳），雄虫跗节前端表面无此构造。幼虫蛆状。体长4~5毫米，白色至乳白色。蛹为围蛹，初期为白色，后渐为黄褐色。

（1）　　　　　（2）　　　　　（3）　　　　　（4）　　　　　（5）

黑腹果蝇

（1）雌虫；（2）雄虫；（3）幼虫；（4）蛹；（5）雌虫前足性梳

② 果蝇（*Drosophila* sp.）：成虫小型，体黄褐色、腹节背板后缘具黑色横纹。头大，复眼为红色。触角第三节大，呈椭圆形。口器舐吸式，有口鬃。胸部大，腹部较短；足和体上均有一些刚毛。翅透明，常有色斑；前缘脉上有2个缺口，第一径脉很短，亚缘脉不完整，第二基室与中盘室多合并，臀室小或不完全。

杏鲍菇果蝇　　　　　茶薪菇果蝇

③菇斑蝇：斑蝇科（Otitidae）。体长约1.1毫米。触角3节，第3节棒状，触角芒长，具微毛。单眼后鬃发达，分歧。头及胸部黑色。翅前缘无缺刻，亚前缘脉完整。腹部淡褐色，每节都有深褐色斑纹。足黄褐色。

④菇实蝇：实蝇科（Tephritidae）。体粗壮，长约1.0毫米，橙黑色。触角芒具细毛，复眼红色。翅有雾状的斑纹。足无距。

⑤菇黄潜蝇：黄潜蝇科（Chloropidae）。体黄色，长约2.6毫米，头及胸部有褐斑。复眼红褐色，光裸。触角扁宽，似剑状，被毛。小盾片短圆至长方形。

足细长，黄褐色，无端距，具毛。

菇斑蝇成虫

菇实蝇成虫

菇黄潜蝇成虫

（3）菇水虻

菇水虻：水虻科（Stratiomyidae）。成虫约11毫米，体黑色，有光泽。复眼光裸，触角鞭节分8亚节。翅瓣发达，平衡棒白色。腹部背板第1节有两个白斑。足无距，跗节白色。幼虫体长约17毫米，黑色，体扁、11节。具小刺和长刚毛。蛹黑色、外壳坚硬，有光泽。

（1）
（2）
（3）
（4）

菇水虻
（1）雌成虫；（2）雄成虫；（3）幼虫；（4）蛹

（4）蛾蠓

蛾蠓（*Psychoda* sp.）成虫体长约1.3毫米，黄褐色或褐色，体粗短多毛。翅基窄顶部尖呈梭形，静止时呈屋脊状斜放，似小蛾。幼虫头明显，体长筒形，12节、无足。

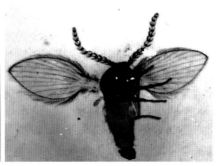

菇蛾蠓成虫的侧面观（左）和背面观（右）

2. 为害习性

蚤蝇是食用菌的重要害虫，以幼虫为害蘑菇、香菇、平菇、鲍鱼菇、茶薪菇等的子实体、培养料和菌丝体。幼虫蛀食细嫩子实体，使子实体发育受阻，变黄水肿萎缩，或使菇体变成海绵状。幼虫也取食菌丝体，受害的菌丝衰退，菌袋变黄发黑。菌丝受害严重时不出菇或出菇量少。蚤蝇喜光喜湿，通常在菇房通风不良、湿度过大、死菇烂菇多且光线较足的菇房内发生严重。

果蝇、实蝇等菇蝇的寄主有灵芝、黑木耳、毛木耳、蘑菇、平菇、香菇、鲍鱼菇等食用菌。幼虫为害菌丝体、子实体。取食菌丝和培养料，常使料面发生水渍状腐烂；为害子实体，钻蛀菇蕾、菇柄、菇盖，导致子实体枯萎、腐烂。为害部有乳白至乳黄色的蛆和黄色蛹。成虫喜食烂果和发酵物。

菇水虻幼虫为害香菇的菌丝体、菇蕾和子实体，表皮坚硬有极强的抗逆性。

蛾蠓寄主有毛木耳、平菇、杏鲍菇和蘑菇。生活于腐殖质和污水中，喜潮湿和积水环境。

3. 防治措施

①卫生措施：菇房的门、窗和通气孔安装窗纱，减少成虫飞入菇房。种菇前和采收后要彻底清除菇房内外残余菇根、弱菇、烂菇和垃圾。及时清除被害菌筒，烧毁或深埋。

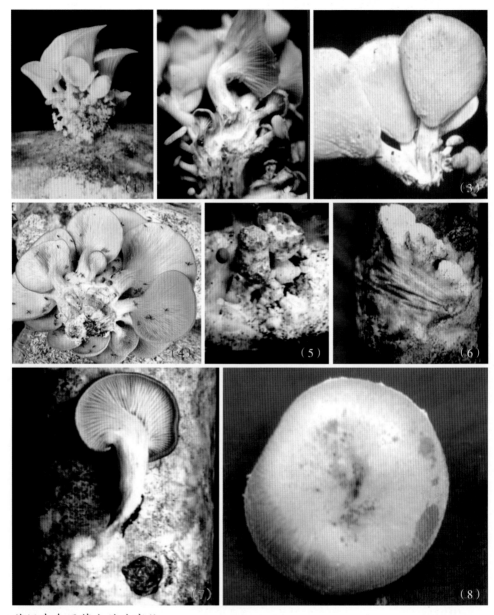

菇蝇在食用菌上的为害状

（1）、（2）榆黄蘑；（3）、（4）平菇；（5）、（6）杏鲍菇；（7）、（8）香菇

②栽培措施：菇床和培养料湿度不能过高，避免直接向菇体喷猛水。

③药剂防治：害虫发生严重时，在菇采收后用 15% 哒螨灵烟雾剂熏蒸；可

选用 4.5% 高效氯氰菊酯乳油或 4.3% 氯氟甲维盐乳油 1000~1500 倍液，喷洒料面、覆土、菌袋表面、床架、墙壁和地面。银耳、黑木耳、毛木耳上慎用。

④诱杀成虫：糖醋液加杀虫剂诱杀成虫，也可用黄色粘虫板捕杀。

（二）菇蚊类

为害食用菌的蚊类有菌蚊、眼蕈蚊、瘿蚊、粪蚊等种类。菇蚊以幼虫为害食用菌的菌丝体和子实体。幼虫取食菌丝体，造成出菇困难；幼虫蛀食子实体的原基、菇蕾、菌柄和菌盖，导致菇体萎缩、枯死和腐烂。受害部可检查到幼虫、蛹和虫尸，菇房内可发现成虫。

1. 害虫实例

（1）菌蚊

菌蚊为小到中型的蚊类，头小，贴在隆凸的胸下；触角丝状或念珠状，多分 16 节（12~17 节），比头部长。足基节长而扁，胫节端部有 1 对明显的端距，跗节细长。翅透明常具斑纹，径脉最多分 3 支，中脉分叉；少数种类翅退化。腹部可见 6~7 节，雌虫腹端简单，产卵器尖细；雄虫外生殖器显著，有 1 对铗状的抱握器。主要种类有中华新蕈蚊和小菌蚊。

①中华新蕈蚊（*Neoempheria sinica*）：又名大菌蚊。成虫体长 5~6 毫米，黄褐色。头淡黄或黄色，单眼 2 个，复眼较大，靠近复眼的后缘有一前宽后窄的褐斑。触角 16 节，基部 2 节黄色、均具毛，其余各节褐色。胸部发达，背板多毛并有 4 条深褐色纵带，中间两条长，呈"V"字形。前翅发达有褐斑。腹部

中华新蕈蚊
雄虫（左）和雌虫（右）

中华新蕈蚊前胸背板

中华新蕈蚊翅和胸腹背面

1~5 节背板后缘均有褐色横带，腹背中央连有 1 条褐色纵带。足细长，基节、腿节均淡黄色，胫节、跗节黑褐色。幼虫体长 10~16 毫米。头黄色，胸及腹部淡黄色，体背有一条深色波状线。

②小菌蚊（*Sciophila* sp.）：雌成虫体长 5~6 毫米，淡褐色。头深褐色，紧贴在隆凸的胸下，口器黄色。触角丝状，16 节，1~3 节黄褐色，第 4 节起逐渐变褐色。胸部有褐色毛，背板向上隆凸呈半球形。前翅发达，平衡棒乳白色。足基节长而扁，转节有黑斑，胫节有 3 行排列不规则的褐刺，胫端有距。雄虫外生殖器有一对显著的铗状抱握器，雌虫产卵器尖细。幼虫：体长 10~13 毫米，灰

小菌蚊成虫

白色，长筒形，头骨化为黄色。虫体各节腹面有 2 排小刺，腹部的较密。

（2）眼蕈蚊

眼蕈蚊也称尖眼蕈蚊，与菌蚊科相似。主要区别是一对复眼在头顶变尖而延伸并左右相连，形成"眼桥"。体多为黑色，翅较暗，但也有淡色的种类。少数种类短翅或完全无翅，甚至连平衡棒也欠缺。幼虫细长，头部色深，一般都为黑色光亮。为害食用菌的眼蕈蚊主要有厉眼蕈蚊和迟眼蕈蚊。

①平菇厉眼蕈蚊（*Lycoriella pleuroti*）：雄虫体长约 3.3 毫米，暗褐色。头部小，复眼大，有毛；触角 16 节，第 4 鞭节长为宽的 2.5 倍。下颚须 3 节，基节有感觉毛 5~7 根，中节稍短，端节长。翅淡烟色，脉黄褐色，平衡棒有一斜列不整齐的刚毛。足黄褐色，跗节较深，前足胫梳排列呈弧形。腹末尾器顶端锐尖细长。雌虫体长 3.3~4 毫米，腹部中段粗大，向尾端渐细，腹末一对尾须端节近似圆形。幼虫体长 4.6~5.5 毫米，头黑色，胸及腹部乳白色。蛹长 2.4~3.0 毫米。初化时乳白色，逐渐变淡黄色，羽化前为褐色至黑色。

②海菇厉眼蕈蚊（*Lycoriella haipleuroti*）：雄虫体长约 4.0 毫米，黑褐色。触角第 4 鞭节长仅为宽的 1.7 倍，颈短宽、梯形。下颚须 3 节。胸部黑褐色，足黄褐色，前足胫梳排列呈弧形。翅淡烟色，腹部深褐色，尾器端节顶端有一粗刺，略向内弯。

平菇厉眼蕈蚊
（1）雌虫；（2）雄虫；（3）幼虫；（4）蛹；（5）触角；（6）前翅；（7）平衡棒；（8）下颚须；
（9）雄虫尾器；（10）雌虫尾须

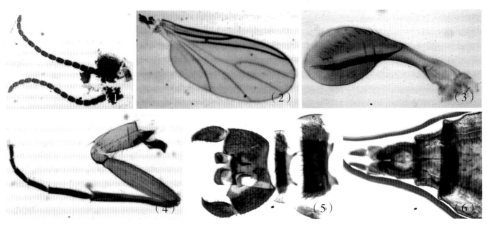

海菇厉眼蕈蚊
（1）触角；（2）前翅；（3）平衡棒；（4）前足；（5）雄虫尾器；（6）雌虫尾须

③沪菇迟眼蕈蚊（*Bradysia hupleuroti*）：雄虫体长 2.0~2.3 毫米，黄褐色。头部复眼有毛，眼桥小眼面 3 排。下颚须 3 节，基节有圆形感觉窝及感觉毛 3~7 根；中节短而圆，毛 4~10 根；端节狭长为中节的 2 倍，毛 6~8 根。触角褐色，第四鞭节长是宽的 1.5 倍。胸部深褐色，翅淡烟色，足淡褐色，前足胫梳（7 根）排成一列。腹部黄褐色，尾器端节顶部弯突，有 4 根端刺。雌虫体长 2.2~2.6 毫米，腹末端尖细，尾须端节粗大而圆，基部较细。

沪菇迟眼蕈蚊雄虫　　沪菇迟眼蕈蚊雌虫

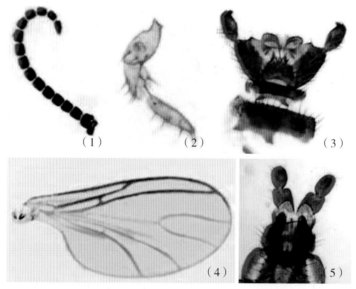

（1）　　　　（2）　　　　　　　　（3）

（4）　　　（5）

沪菇迟眼蕈蚊
（1）触角；（2）下颚须；（3）雄虫尾器；（4）前翅；（5）雌虫尾须

④闽菇迟眼蕈蚊（*Bradysia minpleuroti*）：雄虫体长 2.7~3.2 毫米，暗褐色。触角褐色，第四鞭节长是宽的 1.6 倍。翅淡烟色，平衡棒淡黄色。前足胫梳 6 根排成一列。尾器基节宽大，端节小，末端较细，内弯，有 3 根粗刺。雌虫体长 3.4~3.6 毫米。

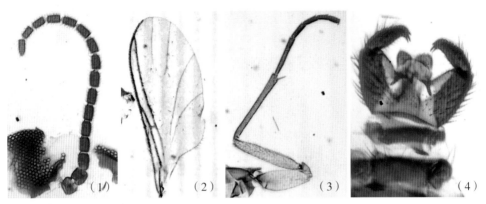

闽菇迟眼蕈蚊

（1）触角；（2）前翅；（3）前足；（4）雄虫尾器

⑤短鞭迟眼蕈蚊（*Bradysia brachytoma*）：雄虫体长约 2.2 毫米。触角第四鞭节长是宽的 1.5 倍。下颚须基节有不规则的感觉窝和毛 5 根；中节毛 7 根；端节细长，毛 7 根。胸部深褐色。足细长淡褐色，腹部褐色，背板、腹板略深，腹端尾器基毛中间分开，端节外缘略直，顶端下弯，端刺 5 根。

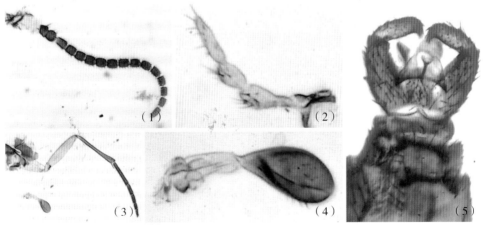

短鞭迟眼蕈蚊

（1）触角；（2）下颚须；（3）前足；（4）平衡棒；（5）雄虫尾器

（3）瘿蚊

瘿蚊虫体小型，体色淡黄、淡褐、白或红色等。触角细长，念珠状，10~36节不等，鞭节上有环毛。幼虫纺锤形，无足，体常为红色、橘黄色、淡黄色、白色或透明。头部不发达，体分 13 节；中胸腹面有突出的剑骨，端部大而分叉，是瘿蚊幼虫最易识别的特征。瘿蚊种类繁多，食用菌上最常见的有真菌瘿蚊，此外，还发现鲍鱼菇瘿蚊、平菇瘿蚊、毛木耳瘿蚊、蘑菇瘿蚊、茶薪菇瘿蚊。

鲍鱼菇瘿蚊的雌虫（左）和雄虫（右）

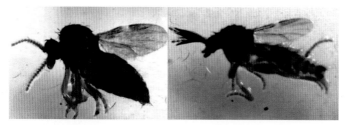 

毛木耳瘿蚊的雌虫（左）和雄虫（右）　　　蘑菇瘿蚊成虫

平菇瘿蚊成虫　　　　　茶薪菇瘿蚊　　　　瘿蚊（触角 25 节）

真菌瘿蚊（*Mycophila fungicola*）：又名嗜菇瘿蚊。雌虫体长约 1.2 毫米，雄虫长约 0.8 毫米。头部、胸部背面深褐色，其他为灰褐色或橘红色。头小，复眼大，左右相连。触角 11 节，念珠状，鞭节上有环毛；雄虫触角比雌虫长。翅宽大，有毛，透明，前翅有 3 条纵脉、1 条横脉。足细长，基节短、胫节无端距。腹部可见 8 节。

雌虫腹部尖细，产卵器可伸缩；雄虫外生殖器发达，具一对钳状抱握器。幼虫：体长约 2 毫米，纺锤形，无足。体色因环境或发育期而不同，常为橘红色、橘黄色、淡黄、白色。中胸腹面有一突出的剑骨，端部大而分叉。

  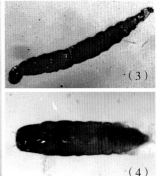

（1） （2） （3） （4）

真菌瘿蚊
（1）雌虫；（2）雄虫；（3）幼虫；（4）蛹

（4）粪蚊

粪蚊为小型粗壮的蚊类。体多呈黑色、光亮而少毛。广粪蚊为食用菌上的常见种。

广粪蚊（*Cobolidia fuscipes*）：成虫体长 1.8~2.3 毫米，体黑亮，少毛，粗壮。头小，触角粗棒状，10 节，鞭节多短而紧接。复眼发达，单眼 3 个。胸部高而隆起。前翅与腹部等长或稍短，具蓝色光泽，翅端钝圆，C、R_1、Rs 脉粗而色深，余脉均极微弱且色淡。腹部圆筒形，可见 7 节。雄虫尾部具向下弯的钩状突起。老熟幼虫体长约 4 毫米，头黄褐色，体扁平、淡褐色。

（1） （2） （3） （4）

广粪蚊
（1）雌虫；（2）雄虫；（3）触角；（4）前翅

2. 为害习性

菌蚊能为害平菇、木耳、蘑菇的菌丝体和子实体。幼虫蛀食平菇原基、菇蕾、菌柄和菌盖，导致菇体萎缩、腐烂和枯死，不深入菌筒内部。小菌蚊幼虫在子实体表面或菌块表面吐丝拉网，丝网将整个菇蕾及虫体罩住，被丝网罩住的菇很快停止生长而萎缩，逐渐变黄干枯，严重影响产量和质量。菌蚊幼虫有群集习性，一丛子实体周围可以发现数十条幼虫。成虫性静，有趋光性。

眼蕈蚊为害蘑菇、香菇、平菇、凤尾菇、鲍鱼菇、杏鲍菇、金针菇、茶薪菇、银耳和毛木耳等多种食用菌。幼虫取食菌丝，甚至破坏菌筒、菌袋和菌种的培养料；幼虫还为害子实体，吃食菌褶，蛀食菌柄，导致子实体畸形、枯萎、腐烂。幼虫喜腐殖质丰富和潮湿环境；成虫活跃、有趋光性、喜食腐殖质，常在菇房培养料上爬行、交配和产卵。

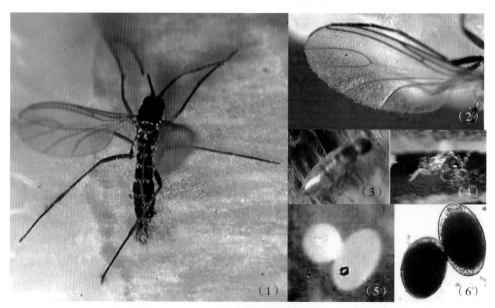

香菇上的厉眼蕈蚊
（1）成虫；（2）前翅；（3）、（4）蛹和虫尸；（5）、（6）卵

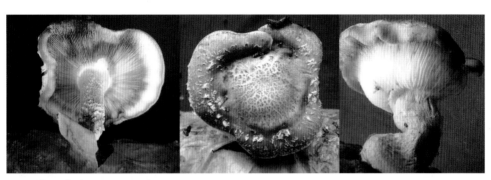

厉眼蕈蚊在香菇上的为害状

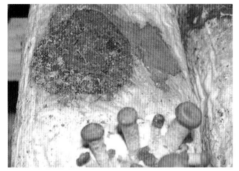

厉眼蕈蚊为害的滑菇培养料和幼子实体　厉眼蕈蚊为害的茶薪菇培养料

瘿蚊能为害蘑菇、平菇、银耳、木耳；主要以幼虫为害食用菌的菌丝体、幼蕾和子实体。成虫和幼虫都有趋光性，在有光线的地方虫口密度大；幼虫喜潮湿

瘿蚊在平菇上的为害状

环境，能幼体生殖，短期内可以大发生。

粪蚊为害蘑菇、平菇、毛木耳、银耳、鲍鱼菇等多种食用菌。该虫生活于腐殖质、粪便、垃圾和腐烂的动植物残体中，在菇房周围的废菌筒、菌袋和栽培料中常大量发生。粪蚊是食用菌栽培后期的害虫，幼虫喜潮湿和腐烂的环境，常钻入腐烂的料块、烂菇和菇的残体中滋生为害。

3. 防治措施

①环境卫生：种菇前要搞好菇房内外的环境卫生，清除残余菇根、弱菇、烂菇和垃圾。在菇房的门、窗和通气孔安装防虫窗纱，预防成虫飞入菇房产卵繁殖。

②健身栽培：选用健壮菌种，促进菌丝快速生长；采菇后要认真清洁料面，彻底清除残余菇根和烂菇并带出菇房外集中深埋；严禁叠代栽培，旧菇房栽培新菇时要彻底清除旧菌块；严禁菇类混栽，一个菇房内不要同时混种多种食用菌；科学管理水分，防止菇房湿度过高和料面过湿。菇房浇水过多导致菌丝和菇蕾腐烂死亡，会诱发虫害。在菇蚊和瘿蚊为害处停止浇水，促使幼虫自然死亡。

③理化防治：成虫有趋光性，可用黑光灯诱杀；害虫发生严重时，菇采收后菇房用 15% 哒螨灵烟雾剂熏蒸，或用 4.5% 高效氯氰菊酯乳油或 4.3% 氯氟甲维盐乳油 1000~1500 倍液喷洒料面、覆土、菌袋表面、床架、墙壁和地面。银耳、黑木耳、毛木耳上慎用。

（三）跳虫

跳虫为微小害虫，又称烟灰虫、香灰虫。群集为害，当菌盖上虫口密度高时呈现烟灰状。

1. 害虫实例

危害食用菌的跳虫有多种。紫跳虫为常见种，还发现棘跳虫、角跳虫、长角跳虫、斑足齿跳虫。

（1）紫跳虫

紫跳虫（*Hypogastrura communis*）：虫体常成片地浮在水面呈黑紫色。成虫体长约 1.2 毫米，近圆筒形，红紫色和蓝色相间。触角粗短，无翅，弹器短。

紫跳虫的侧面（左）和背面（右）

（2）长角跳虫类

长角跳虫科（Entomobryidae）。体长 1~2 毫米。触角很长。前胸退化，腹部第四节特别大，至少两倍于第三节。第四节上有时分成小环节。

（3）斑足齿跳虫

斑足齿跳虫（*Dicyrtoma balicrura*）：体长 1.7~2.1 毫米，灰黑色。头背面灰黄色，头顶、额中央和两触角间分别有一小块黑斑。颊和额的前端灰黑色，口器灰黄。触角褐色，由基部至端部逐渐加深，比身体稍短，为头长的 2 倍。身体背面具不规则的块状和条状黄斑。弹器发达，灰黑色，齿节特别长。足有12 段黄黑相间的斑。

 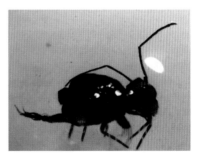

长角跳虫　　　　　　　　斑足齿跳虫

2. 为害习性

为害蘑菇、香菇、平菇、银耳、茶薪菇、杏鲍菇、灵芝的菌丝体和子实体。成虫常群集于接种穴、菌盖、菌柄、菌褶上取食。培养料上严重发生时可抑制发菌，取食子实体的菌柄形成小洞，咬食菌盖表现出现不规则凹点或孔道，露出白色菌肉，继而形成褐色斑点。跳虫弹跳能力强，喜阴暗潮湿环境，能浮于水面运动。

群集于蘑菇菌盖的跳虫　　　　蘑菇上的跳虫成虫和幼虫

3. 防治措施

①卫生防御：搞好菇房环境卫生，清除周围积水，改善通风条件，降低菇房湿度。对历年跳虫发生严重的菇房，在栽培前用 15% 哒螨灵烟雾剂熏蒸。

②化学防治：原基分化前或采菇后用 4.5% 高效氯氰菊酯乳油或 4.3% 氯氟甲维盐乳油 1000~1500 倍液喷洒料面。

（四）甲虫和蛾类

此类害虫为蛀食性害虫，蛀食生长期或仓储期食用菌的子实体。受害子实体上形成蛀孔、蛀道，外部有蛀屑和排泄物。解剖受害子实体可发现幼虫和蛹，在受害菇表面和菇房或贮藏室内可捕捉到成虫。

1. 害虫实例

（1）蕈甲类

①中华木蕈甲（ *Cis chinensis* ）：成虫体长 1.7~2.2 毫米。红褐色，背面显著隆起，着生淡黄色半直立短毛。触角 10 节，末 3 节形成松散的触角棒。雄虫头部额唇基区突出成 4 个齿，外侧的 2 个较宽而钝，生于额区；中间的 2 个较狭而尖，位于唇基区；前胸背板前缘强烈突出，中央凹入，形成 2 个靠近的齿突；第 1 腹板中央有一圆形毛窝。雌虫头部额唇基区不明显突出而呈三波状，前胸背板长约为宽的 3/4 前缘圆形无明显齿突，边缘具小齿。

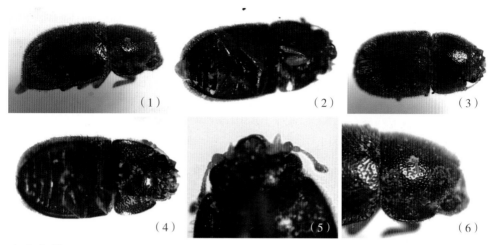

（1）　　　　　　　　　　（2）　　　　　　　　　　（3）

（4）　　　　　　　　　　（5）　　　　　　　　　　（6）

中华木蕈甲

（1）雌虫；（2）雌虫腹面；（3）雄虫；（4）雄虫腹面；（5）触角；（6）雌虫前胸背板

②灵芝木蕈甲（*Cis* sp.）：体长 1.3~1.7 毫米，红褐色。雄虫头部有二个耳片状突，雌虫无此构造。雄虫前胸背板前缘强烈突出，中央凹入，形成 2 个靠近的齿突；雌虫前缘圆形无明显齿突。

灵芝木蕈甲的雌虫（左）和雄虫（右）

③凹黄大蕈甲（*Dacne japonica*）：成虫体长 3.0~4.5 毫米。鞘翅基半部有一橘黄色斑纹呈不规则的"凹"字形。触角 11 节，橙黄色，9、10 两节宽约为长的 4 倍，端节半圆形。足橙黄色。

凹黄蕈甲成虫的背面（左）和腹面（右）

（2）窃蠹类

①灵芝窃蠹（*Mizodorcatoma* sp.）：成虫体长约 2 毫米，身体卵圆形，黑褐色。头隐于前胸背板之下，体被黄褐色直立茸毛。触角有毛，11 节。第 1 节很大，4~8 节短而扁，9~11 节大且向一侧突出。腹板 5 节。跗节 5 节，第 1 节节长。

幼虫体长约 3.2 毫米，多被长毛，弯曲呈 C 形。胸足发达，气门圆形。前胸气门位于中后部，胸腹部一样粗大，体多被长毛。

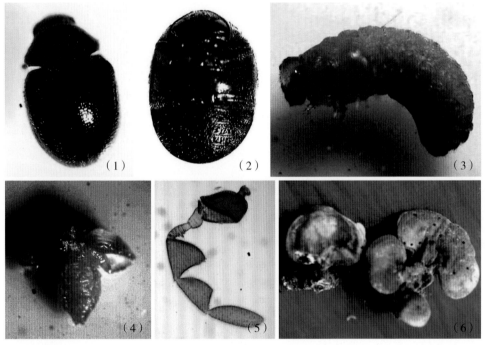

灵芝窃蠹
（1）成虫背面；（2）成虫腹面；（3）幼虫；（4）蛹；（5）触角；（6）为害状

②烟草甲 （*Lasioderma serricorne*）：成虫体长 2~3 毫米，卵圆形，红褐色，密被倒伏状淡色茸毛。头隐于前胸背板之下。触角短，淡黄色，第 4~10 节锯齿状。前胸背板半圆形，后缘与鞘翅等宽。鞘翅上散布小刻点。前足胫节在端部之前强烈扩展；后足跗节短，第 1 跗节长为第 2 跗节的 2~3 倍。

幼虫体长 3~4 毫米，蛴螬形，淡黄白色，密生白色细长毛。头部淡黄色，额中央两侧各有 1 纵行深色斑纹。

③药材甲（*Stegobium paniceum*）成虫体长 1.7~3.4 毫米。长椭圆形，黄褐色至深栗色，密生倒伏状毛和稀的直立状毛。头被前胸背板遮盖。触角 11 节，末 3 节扁平、膨大形成触角棒，3 个棒节长之和等于其余 8 节的总长。前胸背板隆起，正面观近三角形，与鞘翅等宽。鞘翅肩胛突出，有明显刻点行。

幼虫体长 4 毫米，蛴螬形，近白色，密生金黄色直立细毛。大部分体节背面具微刺。

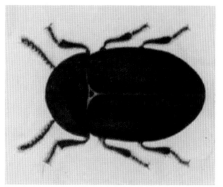

烟草甲成虫

药材甲成虫

（3）谷盗类

① 赤 拟 谷 盗（*Tribolium castaneum*）：成虫体长 3~4 毫米，扁平长椭圆形，黑褐色、锈赤色、有时红褐色，有光泽。复眼大，腹面观两复眼间距等于或稍大于复眼横径宽度。触角 11 节，末 3 节形成触角棒。前胸背板横宽。鞘翅第 4~8 行间呈脊状隆起。

幼虫体长 7~8 毫米，细长圆筒形，略扁。头部黄褐色，胸腹

赤拟谷盗成虫的背面（左）、腹面（中）和前胸腹板（右）

部各节的前半部淡黄褐色，后半部淡黄白色。腹末背面具尾突一对。

②土耳其扁谷盗 （*Cryptolestes turcicus*）：成虫体长 1.5~2.5 毫米，赤锈色，有光泽。雌虫和雄虫的触角均较长。雄虫触角末端 3 节基部细小、端部粗大；雌虫触角基部数节近念珠状。前胸背板近正方形，后缘角略尖，鞘翅长度为宽度的 2 倍。

土耳其扁谷盗的雌虫（左）和雄虫（右）

③锯谷盗（*Oryzaephilus surinamensis*）：成虫体长 2.5~3.5 毫米，身体扁平细长，暗赤褐色至黑褐色，无光泽。前胸背板长略大于宽，两侧的锯齿较尖锐，背面有 3 条纵脊，两侧的脊明显弯曲，不与中央脊平行。触角末 3 节膨大，第 9、10 节横宽、呈半圆形，末节梨形。鞘翅长，两侧略平行。幼虫体长 3~4 毫米，细长而扁平，头部淡褐色。胸部各节背面均有 2 块暗褐色斑，各腹节背面中央有 1 半圆形或椭圆形的黄色斑。

锯谷盗的成虫（左）、成虫前胸背板和触角（右）

（4）蛾类

①细卷蛾（*Phalonidia* sp.）：成虫体长6~8毫米，翅展约14毫米。头部有银白色丛毛，触角褐色。前翅淡黄白色、有黑褐色斑纹，后翅灰褐色。前、中足褐色，有斑纹。后足黄色。幼虫体长约20毫米，乳白色；前胸气门前瘤2毛；趾钩单列，环式。

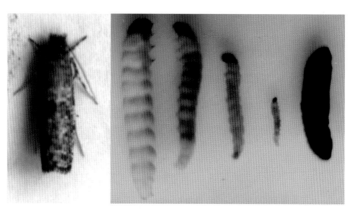

细卷蛾的成虫（左）、幼虫和蛹（右）

②尖须夜蛾（*Bleptina* sp.）：成虫体长8~9毫米，淡紫灰色。触角线状。复眼暗红色，偶有黑色。前翅外缘明显呈波纹状，深褐色。老熟幼虫体长21~25毫米，体紫灰色，体纵线明显，深褐色。有明显毛突及毛片，无次生毛。腹节10节，腹足2对着生在第5、6腹节，前足趾钩单序，中列式。气门椭圆形，周围黑色，筛线紫色，前胸气门最大。

2. 为害习性

贮藏期食用菌害虫主要有蕈甲、窃蠹、谷盗、细卷蛾等。这类害虫以不同虫态藏匿于仓壁、梁柱、天花板及包装物等缝隙内，也能为害稻谷、大米、小麦、玉米、面粉、麸皮、烟草等。这些害虫从藏匿和为害场所转移到贮藏期的食用菌上为害和繁殖，造成经济损失。有些贮藏期害虫也能为害生长期的食用菌子实体。

蕈甲成虫和幼虫群集生活于蕈类及腐木中，蛀食食用菌子实体，为典型的食菌性甲虫。山地种灵芝，周围朽木多，如果管理不善或采收过迟，极易遭受侵害。大蕈甲为害香菇，幼虫大多数从菌盖钻蛀侵入，也可以从菌褶或菌柄蛀入。害虫在子实体内迁移取食，形成大量弯曲的虫道，菌肉被吃光仅残存菌盖表皮，严重时将香菇子实体蛀食成粉末状。

窃蠹类害虫如烟草甲、药材甲寄生为害香菇、茶树菇、木耳、灵芝等，能蛀食烟草、纸张、种子、干果、粮食等。山地地栽灵芝，灵芝窃蠹成虫多在灵芝柄的切口或伤口处产卵，孵化后幼虫即钻蛀到菌柄内和菌盖内蛀食为害。

谷盗类害虫以幼虫蛀食香菇、草菇、平菇、猴头菌、黑木耳等子实体干品。还能为害稻谷、大米、小麦、玉米、面粉、麸皮等储藏的干物品。成虫也可取食，卵产于菌盖、菌柄、菌褶、菌屑表面。成虫可藏匿于仓库缝隙、杂物和植物残屑中。

蛾类害虫中细卷蛾为害生长期和贮藏期的灵芝子实体。幼虫在灵芝生长期从菌盖背面和菌柄基部蛀入，并在菇体内钻蛀为害，蛀入孔有虫粪。尖须夜蛾以幼虫取食平菇、凤尾菇、草菇、黑木耳、毛木耳等的子实体、菌丝体，并排出大量粪便，污损菇体品质，幼虫可将食用菌子实体吃成缺刻和孔洞等，大量发生时可将子实体全部食光。

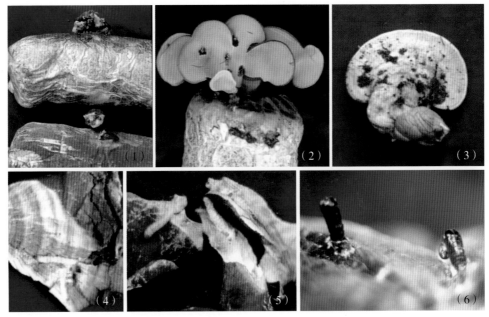

细卷蛾
（1）为害菌筒上的灵芝幼菇；（2）侵害菌盖背面；（3）蛀孔和蛀屑；（4）蛀道中的幼虫；（5）幼虫和蛀道；（6）蛹

尖须夜蛾在毛木耳子实体上为害状

3. 防治措施

①搞好仓储环境卫生，优化贮藏条件：食用菌干品在贮藏之前先搞好仓库或贮藏室内外的清洁卫生。旧仓库最好先用熏蒸杀虫剂（5% 哒螨灵烟雾剂或双层包装磷化铝）按使用规则熏蒸灭虫。保持贮藏室的密闭干燥，菇体要干燥并经严格筛选后贮藏。食用菌干品不要与稻谷、大米、小麦、玉米、面粉、麸皮等感虫物品混合储藏。

②加强栽培期管理，及时清除虫源：对能在食用菌生长期为害的害虫要加强预防和监测。彻底清除菇场内外及周边的破旧木材和腐朽林木；及时清除虫伤菇体，烧毁或深埋，子实体成熟后应适时采收和晒烤。虫害严重的菇房在每潮菇收后用 4.5% 高效氯氰菊酯乳油或 4.3% 氯氟甲维盐乳油 1000~1500 倍液喷洒料面。

（五）螨类

害螨能为害多种食用菌，取食菌丝导致菌丝萎缩衰退，菌床、菌筒退菌，抑制子实体生长发育。受害部可能发现大量若螨和成螨。

1. 害虫实例

（1）腐食酪螨

腐食酪螨（*Tyrophagus putrescentiae*）：成螨体长约 0.3 毫米。无色，表皮光

滑、明亮。体背的毛较长；基节上的毛膨大并有细长栉齿。所有足末端为柄状的爪，有较发达的前跗节。无休眠体。

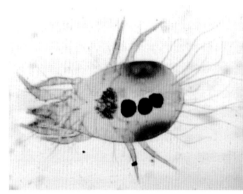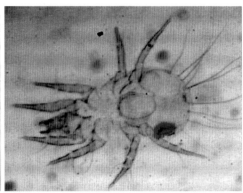

食酪螨的背面（左）和腹面（右）

（2）速生薄口螨

速生薄口螨（*Histiostoma feroniarum*）：体长约 0.2 毫米，白色，常附有微粒，体后缘凹入。颚体小，须肢端节可自由转动，为扁平二叶状几丁质板。背毛短，约与胫节等长。肛门两侧刚毛 4 对。足短。

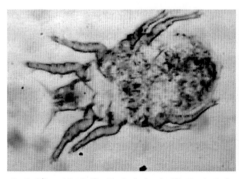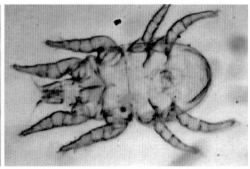

速生薄口螨的背面（左）和腹面（右）

（3）毛绥螨

毛绥螨（*Lasioseius* sp.）：体微小，红褐色。须肢叉毛二叉，生殖板四边形，两边无骨片。

（4）珠甲螨

珠甲螨（*Damaeus* sp.）：体长 0.6~0.9 毫米，褐色，表面有蜡被，体表呈微突状。

前背板的两侧具发达的前足体侧隆突。假气门器具细毛。

（5）食菌穗螨

食菌穗螨（*Siteroptes mesembrinae*）：正常雌螨体长 0.18 毫米，黄白色。异型雌螨体长 0.23 毫米，黄褐色。前足体背毛 3 对，后足体背毛 7 对，尾毛 3 对。

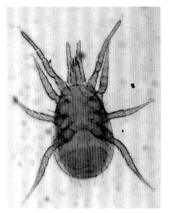 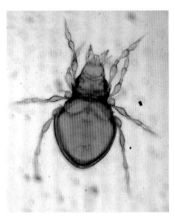 

毛绥螨（腹面）　　　　　蛛甲螨（背面）　　　　　食菌穗螨（背面）

2. 为害习性

食用菌害螨俗称菌虱。螨类能为害双孢蘑菇、草菇、香菇、平菇、凤尾菇、银耳、黑木耳等各种食用菌。螨在食用菌各个生长发育阶段均能造成危害，嗜食菌丝导致菌丝萎缩不长，发生严重时，培养料内的菌丝全被食光，造成退菌、培养料发黑潮湿、松散，最后颗粒无收。也能咬啮小菇蕾及成熟子实体，导致菇体腐烂、干枯死亡，并传播病菌。

螨类种类繁多，分布广，习性杂，不同地区的种群各不相同。大多数害螨喜温暖、潮湿环境，常潜伏在稻草、米糠、麸皮、棉籽壳中产卵，并随同这些材料进入菇房后转移到菇床或菌筒上为害。害螨可以通过培养料、菌种和蝇类传播。螨的生活史经历卵、幼螨、若螨、成螨四个阶段。从幼螨、若螨到成螨的过程中，都在取食为害。发生螨害的菇房中螨虫能以成螨、卵的形式在菇房的层架上、墙壁四周的缝隙中越冬，当菇房重茬种菇时害螨再次转移到食用菌上继续取食为害。

3. 防治措施

①清除螨源：种菇前用 5% 哒螨灵烟雾剂熏蒸灭螨，或用 80% 敌敌畏 1000

倍液喷洒菇房四周，特别要注意角落和墙脚。把好菌种质量关，淘汰有螨害的菌种。选用新鲜清洁的培养料，确保培养基质不带螨。

②药剂防治：螨害严重时，在出菇前或采菇后喷洒。菌丝生长期和菇体采收后，料面选用 4.5% 高效氯氰菊酯乳油、4.3% 氯氟甲维盐乳油 1000~1500 倍液、73% 克螨特乳油 2000~3000 倍液喷洒。菇场周围、地面和菇床架定期喷洒 90% 敌敌畏 1000~1200 倍液，减少虫源。

（六）其他害虫

除了上面介绍的各类昆虫和螨类外，昆虫中还有蠼螋类、隐翅甲、啮虫类、白蚁等也取食食用菌的菌丝体和子实体，软体动物和节肢动物的蛞蝓、蜗牛和马陆等也为害食用菌。软体动物和节肢动物体型较大，行动缓慢，受害处往往可以找到虫体，易抓捕。

1. 害虫实例

（1）蠼螋类

①蠼螋（*Labidura* sp.）：体长约 11 毫米，略扁平。复眼发达，有翅。胸足第 2 跗分节端部略延伸到第 3 跗分节基部下方。

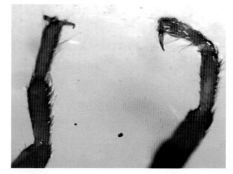

蠼螋成虫   蠼螋成虫跗节

②球螋（*Forficula* sp.）：体长约 10 毫米，细长。翅发达。胸足第 2 跗分节扩展成叶状，延伸到第 3 跗分节基部下方，宽于第 3 跗分节。

球螋成虫   球螋成虫跗节

（2）隐翅甲

隐翅甲（*Oxytelus batiuculus*）：成虫体狭长，扁平，长约2.8毫米，黄褐色至黑褐色。鞘翅很短，后翅很大，纵横折叠完全隐藏于鞘翅下边。触角11节。足粗短，黄褐色或黑色。腹部露出6~7节，腹部各节能弯曲。

隐翅甲成虫

（3）啮虫类

①厚啮：属粗啮虫科（Pachytroctidae）。成虫体小，头部灰褐色，复眼黑色、卵圆形，单眼3个。触角15节。前胸小于中胸；中后胸分离。翅正常，体翅无鳞，跗节3节。

②嗜卷书虱（*Liposcelis bostrychophilus*）：成虫体长约 1 毫米。全身乳白色，半透明，无光泽。头部稍红，触角细而长，复眼黑色，不发达。胸 2 节，中、后胸愈合，无翅。

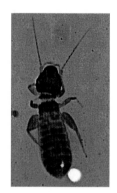

厚啮的成虫（左）和若虫（中、右）　　　　　　嗜卷书虱

（4）白蚁类

①家白蚁（*Coptotermes formosanus*）有翅成虫体长 7.5~8.5 毫米，翅长 11 毫米；头近圆形、褐色，触角 21 节；胸腹部黄褐色。兵蚁体长约 5.5 毫米，头卵圆形、黄色，触角 14~15 节；胸腹部乳白色。工蚁体长 4.5~6 毫米，头圆形，触角 15~16 节，胸腹部乳白色。

②黑翅土白蚁（*Odontotermes formosanus*）：有翅成虫体长 27~29 毫米，头、胸、腹背黑褐色，腹面棕黄色，翅烟褐色，全身密被细毛；头圆形，触角 19 节，前胸背板中央有一淡色的十字形纹。兵蚁体长 5~6 毫米，头暗黄色，被稀毛，胸腹部淡黄色至灰白色。工蚁，体长 4.6~5.0 毫米，头黄色，胸腹部灰白色。

家白蚁成虫　　　　　　黑翅土白蚁成虫

（5）蛞蝓

蛞蝓又名鼻涕虫、软蛭、无壳蜒蚰、黏黏虫。为害食用菌的蛞蝓常见种有野蛞蝓、双线嗜黏液蛞蝓、黄蛞蝓。

①野蛞蝓（*Agriolimasx agrestis*）：体长 30~40 毫米，柔软、无外壳。体表暗灰色、黄白色或灰红色，少数有不明显的暗带或斑点。触角 2 对，暗黑色。外套膜为体长的 1/3，其边缘卷起，内有一退化的贝壳。

②双线嗜黏液蛞蝓（*Philomycus bilineeatus*）：体长 35~37 毫米，柔软无外壳。全身灰白或淡黄褐色，背中央及两侧各有一条由黑色斑点组成的

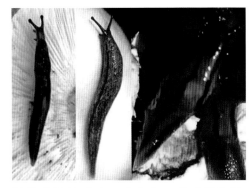

蛞蝓野蛞蝓（左、中）和双线嗜黏液蛞蝓（右）

纵带，两侧的黑色斑点较细小，近色带处的斑点稠密。触角 2 对，蓝褐色。外套膜覆盖全身。

（6）蜗牛

蜗牛的贝壳呈低圆锥形，右旋或左旋，头部显著，有两对触角，后一对顶端生、有眼，腹面有扁平宽大的筋肉性腹足，腹足有足腺，能分泌黏液。主要种为灰蜗牛（*Fruticicola ravida*）。

毛木耳菌袋上的灰蜗牛

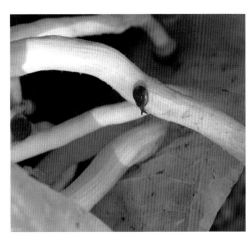

茶薪菇上的蜗牛及为害状

（7）马陆

马陆（*Spirobolus bungii*）：又称千足虫、千脚虫、草鞋虫、山蛩虫。形似

小蜈蚣。体长 20~30 毫米，圆筒形，分头部和胴部两个体段。赤褐或暗褐色，背面两侧及步足赤黄色。触角 1 对，眼为单眼，口器咀嚼式。胴部各节中 2 节合并为 1 节，故看上去每 1 腹节有步足 2 对。

马陆

2. 为害习性

螺蝼类成虫和若虫为害菌块、菌棒，蛀食菌丝。出菇期从菌托侵入咬食菌柄。食性杂，发生于料堆、废弃菌筒、树皮杂草间、石块和土块下。

隐翅甲为害幼虫和成虫能为害食用菌的子实体和菌丝体，行动敏捷，不易捕捉。

厚啮为害灵芝、蘑菇的菌丝体，也以地衣、藻类、菌类和植物碎片为食。嗜卷书虱为害子实体和储藏期的食用菌干品。能为害各类粮食、书报纸张、植物标本和中药材。成虫活泼，喜阴暗潮湿环境。

正在香菇菌袋取食的白蚁

白蚁有多种，其中以土栖性的黑翅土白蚁为害最严重。主要为害段木栽培的香菇、木耳、银耳、灵芝、茯苓等和田间出菇的袋栽香菇、平菇、茶薪菇。袋栽食用菌受害时先在菌筒中心被蛀出多个不规则的孔洞，后期菌筒内部被蛀空，菌筒表面的一些地方敷着泥土。

蛞蝓能取食蘑菇、平菇、香菇、草菇、球盖菇、杏鲍菇等多种食用菌的子实体，将子实体咬成缺刻或孔洞，严重时子实体残缺不全。

香菇菌袋被白蚁为害的为害状

经蛞蝓爬行过的子实体，常留下白色黏质带痕，影响产量和品质。喜阴暗潮湿环境，藏匿于枯枝落叶，草丛石块下；食性杂，能取食蔬菜、花卉和其他植物。

蛞蝓在食用菌上的为害状
（1）、（2）香菇；（3）大球盖菇；（4）滑菇；（5）蘑菇

蜗牛为害情况与蛞蝓的为害情况相似，受害子实体在菌盖、菌柄上出现凹陷的斑纹，露出白色的菌肉。蜗牛一年繁殖一代，常群栖为害。蜗牛有怕光、怕干燥习性，阴雨天或在有遮阴的菇床上可整天活动。

马陆在香菇、蘑菇、平菇、木耳等食用菌栽培过程中经常发生，主要啃食食

马陆正在取食香菇子实体

马陆正在取食毛木耳的子实体和培养料

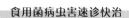

用菌子实体、菇蕾、菌丝体、发酵料中的腐殖质。子实体、菇蕾被咬食成孔洞或缺刻，培养料被害后变黑发黏、发臭，严重时培养料被毁。马陆喜潮湿阴暗的环境，白天隐藏在潮湿的砖石、瓦砾等杂物下面以及菌袋的底部，夜晚外出活动取食。夏季多雨季节，菇房湿度大时，危害大。

3. 防治措施

①搞好菇房环境卫生：清除菇房内外的杂草杂物，无用的菌筒不要堆放在菇场内或附近。陈旧菇房或常年虫害的菇房使用前先用熏蒸杀虫剂（5% 哒螨灵烟雾剂）按使用规则熏蒸灭虫。菇房地面撒石灰粉保持清洁和干燥，对蛞蝓、蜗牛、马陆等效果良好。

②适时药剂防治：菌丝生长期和菇体采收后，料面用 4.5% 高效氯氰菊酯乳油或 4.3% 氯氟甲维盐乳油 1000~1500 倍液喷洒。菇场周围、地面和菇床架定期喷洒 90% 敌敌畏 1000~1200 倍液，以减少虫源。蛞蝓、蜗牛大量发生时，可按 1 ∶（25~30）的比例将 6% 的蜗牛敌颗粒剂和沙搅拌后，撒于菇床周围及蛞蝓、蜗牛出没的地方。

③人工捕杀：利用蛞蝓、蜗牛、马陆行动迟缓，昼伏夜出，阴雨天为害的习性，用镊子进行人工捕捉，投入事先准备好的石灰水或食盐水盆钵中杀死。

（七）鼠害

老鼠属于高等脊索动物，也是食用菌的一大害。老鼠能咬走棉花塞、咬破菌袋，取食菌袋内或菇床培养料，造成菌种菌筒或菌床污染。

1. 害鼠实例

为害食用菌的老鼠主要有家鼠和田鼠。

（1）家鼠

家鼠为大家鼠属（Rattus）和小家鼠属（Mus）的通称。主要形态特征：头较小，吻短，耳圆形，明显地露出毛被外。上门齿后缘有一极显著的月形缺刻。大家鼠（Rattus norvegicus）的体型较大，体长 8~30 厘米；尾通常略长于体长。小家鼠（Mus

家鼠

musculus）体型较小，一般为 6~9.5 厘米。

（2）田鼠

田鼠为田鼠属（*Microtus*）的通称。此类鼠体型小，体长多在 12~18 厘米之间。四肢短，眼小，耳壳略显露于毛外；尾短，一般不超过体长之半。毛色差别很大，呈灰黄、沙黄、棕褐、棕灰等色；臼齿齿冠平坦，由许多左右交错的三角形齿环组成。

田鼠

2. 为害习性

老鼠能在食用菌各生产阶段和生育期造成危害。菌种生产期咬破菌袋造成菌种污染而报废；在栽培发菌期咬破袋栽食用菌的菌袋，取食蘑菇、姬松茸等床栽食用菌所播下的麦粒、谷粒菌种，造成发菌不良，并在床栽食用菌的培养料上打洞，咬断菌丝和原基。在出菇期间直接取食菇蕾和子实体，造成菇蕾不能正常发育成子实体。老鼠携带多种病菌，被咬破的菌袋都会污染，在高温期间被老鼠为害的菌袋常长红色链孢霉，污染整个培养室。

老鼠昼伏夜出，白天躲藏在洞内，夜晚外出活动取食。所有的农林作物、各种食品和物品都会受害。其嗅觉、听觉、触觉都很灵，活动期间稍受惊就跑掉。

被老鼠为害的蘑菇菇床

被老鼠咬破而报废的菌袋

3. 防治措施

①养猫捕鼠：在菇场中养猫是防止食用菌鼠害安全而有效的方法。

②器械捕鼠：在墙脚、草丛、鼠洞等老鼠出没处放置鼠夹或鼠笼捕抓。用鼠夹捕鼠时，将小块的地瓜、玉米棒或肉片等较坚韧的食物固定在诱饵钩上，害鼠取食时拉动诱饵钩后鼠夹快速夹住。用鼠笼捕鼠时，在笼肉放置稻谷、大米或其他诱饵，鼠笼门只能进不能出。害鼠侵入取食时就被关在笼子内。

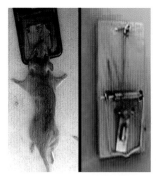 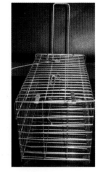

鼠夹　　　　　　　　捕鼠笼

③毒饵诱鼠：在菇房及培养室墙脚和角落等老鼠出没处投放正规厂家生产的灭鼠药，毒杀老鼠。下面以溴敌隆和氟鼠酮为例，介绍毒饵制备过程。要配制 0.005% 溴敌隆毒饵，先用深红色 0.5% 溴敌隆母液 1 份，加 6 份水稀释，搅匀，缓慢倒入 100 份新鲜小麦中，边倒边拌，充分拌匀，晾干即可。要配制 0.005% 氟鼠酮毒饵，先取 19 份谷粒（小麦和稻谷），用水浸泡至涨后捞出，稍晾后加入 1 份 0.1% 氟鼠酮粉剂搅拌均匀即可。

注意事项：投放毒饵时禁止把灭鼠药投到培养料上、菇房中，以免菌丝吸收后污染到子实体。毒饵投放点要设立明显的警示标志。自制粮食毒饵要用颜色（红墨水等）染色作为警示标志。严禁家禽家畜及宠物进入毒饵投放区。及时收集和处理死鼠（焚烧或深埋）。毒饵配制者和毒饵投放者要戴手套，操作完成之后及时用肥皂洗手。